4G革命

无线新时代

The New World of Wireless
How to Compete in the 4G Revolution

斯科特·斯奈德（Scott Snyder） 著

钱 峰 译

中国人民大学出版社
·北京·

序 言

托德·休林是TCG咨询公司的总经理。作为一位战略家、投资者和经纪人，他利用自己的背景帮助公司取得突破性的发展。他还服务于美国和亚洲的公共和私人公司董事会，现在是服务行业的领导者——TSIA的顾问。托德曾主管讯宝公司旗下15亿美元的产品业务，包括移动计算、无线、射频识别和流动软件等。同时，他还是知名的作家和演讲家，在《哈佛商业评论》和《麦肯锡季刊》上发表过数篇论述发展战略的文章。

我们正在迅速接近信息技术革命的第五次浪潮。信息技术革命改变了人们工作、娱乐和交流的方式。20世纪50—70年代的主机浪潮产生了第一批广泛传播的电子信息模式，历史性地记录在分类账、文件柜和活页夹中。20世纪七八十年代的微型电脑浪潮拓展了从模拟到数字（analog-to-digital）的趋势，使财务和研究职能超出了总公司范畴，而囊括了生产场所和区域办事处。20世纪八九十年代的个人电脑使更多此类信息为个人所获得——谢天谢地，这为我们所有人省去了打字机、计算器和"薄金属片"的配备。最后，20世纪90年代和21世纪的网络浪潮通过局域网和广域网，以及最终的互联网，将所有孤立的数据和信息处理能力整合起来。

当前的移动性浪潮或许会成为最具影响力的一次浪潮。前面的浪潮是建立在用于沟通的计算机上，而移动性却代表了一种全新的模式：用于计算的沟通设备。信息权利已经从中央控制转向个人，个体有权进行计算、沟通和合作，从而最好地满足自身的需求。传统的主机、微型机、个人电脑和网络浪潮虽然让合作变得更加高效，但不太考虑个体权利的获得。如今，这种观点即将发生改变。

在移动时代（mobility era），传统的等级制度将受到冲击。稳定性已经不再适用。人们的期望正在发生改变。例如，全世界 40 岁以下的人在成长过程中相信，电话号码是为人准备的，而不是为地点准备的。他们不能接受商品上的价格标签就是市场价格。他们根据已知（他们的社交网站）和未知（谷歌）来源的信息制订即时决策。和父母相比，他们与更多的人保持着联系。他们经常弄不清楚工作、娱乐和沟通之间的界限，不再需要特意划分各种具体的时间安排。

除了代沟以外，整个发展中的世界都已经进入了一种生产率更高、获得更多授权、更具娱乐性的工作和生活方式。但是就有线电话线和固定宽带上网接口来说，它们可能将永远无法实现发达世界中的渗透率（penetration rate），因为人们直接选择了移动电话，不会再回过头来用其他的了。

总的来看，这就是"数字群"。21 世纪早期，我们在发达国家的项目工人中首次看到了移动的潜力。这些国家中，70％的工人要求配备移动电话，因为他们没有办公桌。讯宝科技等公司为所有护士、卡车司机和"第一目击者"（first responders）提供了移动设备，把信息带到业务活动现场。从很多方面来说，我们都处于剪贴板的替代业务中。移动设备成为了企业的眼睛和耳朵，提供接受治疗的病人的即时信息、货物将要运送的码头的信息，以及自然灾害中警察、消防员和安保人员的应对计划。

但是，移动性这一发展阶段仍然是比较初级的。移动设备是公司资产，整晚都在充电器上工作着。现在，移动设备已经超越了此类较低级的初始阶段，受到更先进设备的驱动，例如 iPhone、已经普及的手机宽带、无线上网设备。人们以个人和职业方式运用移动语音、数据、图片和视频的途径也发生了巨大变化。

斯科特·斯奈德非常详尽地想象着数字群的影响会有多大，以及组织应该如何调整战略，从而在移动时代繁荣发展。他介绍了对于该景象的洞见，即移动性会如何发展，以及第五次浪潮将会怎样持续下去。手动模式战略是不管用的。要想在数字群中获胜，就要不断评估顾客期待、竞争模式和商业模型方面的变化。"设置和重设"方式要运用于企业战略和战略执行，需要付出额外的费用。

好消息是，信息技术浪潮之间的转折点总是为那些激进的、创新型的公司提供机会，让它们成为新的领袖。同时，过去处于领导地位的公司要么像数字设备公司一样陨落，要么就像 IBM 一样让自己重新焕发青春。对于你的企业来说，你想成为什么样呢？

斯科特·斯奈德博士为下一代的无线系统和适应性企业战略带来了一种独特的领先思维方式。他是决策战略国际公司的CEO。这是一家领先的管理咨询公司，致力于基于情景的战略规划和决策制定。他也是沃顿商学院管理系的资深专家，以及宾夕法尼亚大学工程与应用科学学院的教师。

斯奈德博士在《财富》500强公司和新兴企业的企业领导、战略规划、决策支持系统和技术管理方面积累了二十多年的经验。他曾在多家《财富》500强公司担任执行官一职，包括通用电气公司、马丁·马瑞塔公司和洛克希德·马丁公司等。

记得我14岁的时候，经常和一些朋友在附近的一个小镇上闲逛，做些很无聊的事，比如去和女孩子们搭讪。有一次等我赶到的时候，我的一些朋友没有露面，他们和几个刚认识的女孩子一起去了电影院。因为我不知道他们在哪儿，于是疯狂地寻找他们，使劲诅咒他们。正当我在街角的电话亭打算给妈妈打电话时，他们龇牙咧嘴地出现了。咒骂几句后，我冷静下来，然后一把抓过比萨和汽水。女孩子们走了，于是我问朋友们，有没有弄到她们的电话号码。他们说："哦，我们忘了问了。"于是我开始怀疑和我一起混的这帮人的智商。我从比萨店给妈妈打了电话，让她来接我们。她抱怨了一句，因为她刚刚进城，现在却必须返回了。我当时实在等不及长大，那样我就可以自己开车了。

如果我晚出生30年，是当今时代里的14岁孩子（我已经有了这样一个小家伙），同样的故事就有不一样的情况了。我和朋友们短信交流后，决定在附近城镇里见面。当我到那儿的时候（没错，我妈妈还是会开车把我送到那儿的），我没有在约定的地点看到朋友们，于是，我打开了手机里的"好友联络"，在谷歌街区地图上就可以找到他们。我看到他们在电影院，于是就开始朝那个方向走。同时，我还查看了本地的在线电影列表，很高兴地发现有两部我想看的电影正在上映。此外，我还注意到 Facebook 上有一条新信息。我一周前见过的一个女孩子莎伦正往城里来，想要见我。于是，我给她回了一条短信，约在电影院见面。我们同时到达那里，走进大厅，我的朋友们正和我不认识的一些女孩子站在一起。我们都走进了电影院，并且立刻把彼此加在 Facebook 的好友列表上，又交换了音乐和视频收藏。我注意到，有一个女孩和我妹妹上同一所私立高中。看完电影、吃完比萨之后，我已经通过交换社交网络信息与不低于 50 个新"朋友"取得了联系，而这些女孩都是我们通过手机约好见面的。莎伦必须先走了，于是我们约好了通过 Facebook 在下一个地方交流观点（听起来像个约会）。同时，我检查了妈妈的状态，发现她还在镇上，于是我给她发了条短信，让她知道我们需要坐车回家。她回了条短信说："你能找到我真是不赖。"我依然在期望着可以早点开车。

故事中的这些差异是非常戏剧化的。但是，因为每天都在发生的小小的变化，我们就无法看到无线在多大程度上改变了我们的生活，并且在我们做的所有事情中都有所体现。我们将上述的情景变成了职业和组织，把青少年替换成了移动销售大军、项目团队或研发团队中的知识工人，我们开始目睹自己在与无线打交道过程中发生的巨大变化。奥巴马总统坚持要保留自己的黑莓手机就是一个实证：在一个无线的世界中展现新的工作和生活模式！

如果我们继续往前推进 10 年，无线所带来的变化就会更加显著，因为新技术得到应用，而且用户继续以更快的步伐进行创新。最显著的变化在于，随着越来越多的分散人群通过智能设备，将无线作为合作与决策平台，人、设备以及其他物品会进行自我组织，从而开展协调活动。我们将授权的无线用户和客体中的这种有机群体行为称为"数字群"。"数字群"与"会聚"、"互联性"和"普遍性"这些流行词汇相反，主要聚焦于信息网络。它抓住了额外的行为维度，而这在塑造无线未来方面是至关重要的。

数字群不仅会改变我们作为消费者的生活，还会转变我们开展业务的方式。这种转变是更为巨大的，比互联网或过去十年来的生物技术革命所形成的冲击更富戏剧性，因为它真实地存在于人类行为和技术的交汇处。

到目前为止，大多数组织及其领导者都未能利用无线网络来为他们的企业创造价值。虽然消费者在无线应用方面加快了创新的步伐，例如定位服务、电子钱包、移动娱乐、无线社交网络和健康监控，但是企业依然将无线视为一种扩展的通信媒介和生产工具。随着下一代无线技术，所谓第四代无线技术（4G）的应用，这一差距将变得更大。4G不仅仅会改善当前无线系统的性能，也会将范式转向以用户为中心的网络和应用，从而使用户设备成为所有活动的远程控制系统。4G将为数字群提供技术支持，群体行动将得以分散，获得自我管理，而用户在创新方面将没有界限、不受控制、毫无障碍。

大公司及其首席信息官都在试图控制这些未经授权的设备和应用，例如iPhone和Gmail，而新的无线浪潮正在形成，并逐步摧毁现有市场、公司和员工的模式。组织不应该排斥这些，而应该通过创造技术、能力和思维去平衡它，从而超越它。这么做的组织将会获得重大创新和价值创造的奖励。而不这么做的组织将会被时代的潮流冲走，因为它们在这个新的无线领域竞争时会无法适应。

本书是写给企业领袖和管理者的，他们希望能预期和平衡下一次无线浪潮，并获得竞争优势。除了过去的一些无线创新者，例如联邦快递、美国军方，以及一些新秀，诸如赫利奥（Helio）、梅什网络（MeshNetworks）、斯普林特旗下的Fon公司外，大部分组织都未能够抓住当今无线网络和设备的全部潜力，因为大多数的无线创新都是由消费者部门驱动的。但是，我们将看到当今无线服务模式出现一个巨大改变，整条价值链将遭到破坏，分散的、自我管理的无线用户将主导未来的服务模式和它们传递价值的方式。这一转变将为公司呈现出独特的机会，使其具备适当的技能和文化，从而在这些新的平台上进行创新，创造出盈利机会。它也会威胁到一些因为过于严格和等级化而无法转变决策机制的企业。

本书提供了一个新的框架——WiQ，用于衡量组织的无线状况，评估企业潜在的社会、技术、经济和政治的影响，而这些正塑造着无线的未来。随着这种新的、非常无序的无线未来渐渐临近，大量的价值将被创造和摧毁。本书将挑战你当前的思维和企业模式，挑战可能存在的无线未来，并将辨识出你所需的成功战略，从而从数字群中创造出真正的竞争优势。

尽管很多书都是有关当前无线网络（2G 和 3G）和未来无线网络（4G）的，但是它们都是以技术为核心的。它们很少关注到运用这些技术的企业的宏观战略和组织环境。事实上，我们可以达成的一致意见是，企业在运用和平衡无线技术时，总体上来说是落后的，而消费者的创新则是不断滋生并蔓延的。难道这是因为组织缺乏利用无线的技能，抑或网络本身不能提供足够的价值以使投资得到回报？随着用户导向的无线范式成为网络的中心，公司就很难不去创新了，因为它们的消费者、合作伙伴和员工都获得了数字群的授权。

市场上有很多关于创新和突破性战略的书籍。但是，没有一本聚焦于无线作为创新平台所产生的巨大力量。随着"无线企业"渐进式地发展，我们无法说清无线企业具有怎样的能力。新思科技（Synopsys）首席执行官阿特·德·吉亚斯（Aart de Geus）说："手机上不断加强的计算功能创造了无限的移动性和空间，从而促进互动。这是非常令人惊异的结合，而我们还没有看到它的全貌。"本书出版的时间非常理想，因为人们说扰乱市场和公司的 4G 信号比比皆是。本书写成的时候，iPhone 销售量已超过千万部，而谷歌的手机操作系统 Android 已经发行；两者都是 4G 认知设备的早期示例。虽然公司和员工都看到了变化的发生，但是他们只是不断地作出回应，而没有将他们的组织进行整改，从而利用这种变化。WiQ 给他们提供了一个框架，评估他们组织的差距，辨识投资，并从 4G 浪潮中获益。

本书从企业执行官的视角探讨了无线创新的问题，满足了一个重要的认知需求。这么做的同时，它可以完全摒弃有关这个新兴和高度毁灭性时代的转型思维浪潮。

本书运用了多种概念框架，从而阐释和评估新兴的无线引导的未来的商业影响。以下是使用到的主要框架：

● 环境扫描/趋势侦查：辨识出新兴的无线技术和企业模型中出现改变和潜在临界点的早期信号。

● 系统思维：包括绘制起因影响图，在塑造无线未来的关键动因中辨识出显著和非显著的互动。

● 情景规划：描绘各种可能的未来图景，有助于在无线未来方面规划出不同的社会、经济、政治和技术的不确定因素。

● 创新方式：包括毁灭式创新和创新网络，可以发现正在消退的和即将获胜的企业模型。

● 战略选择和评估：面对新的无线机会，把握优势并有效管理劣势。

本书中新的概念框架和工具如下：

● 辨识出关键动因和代表性情景，让企业在下一代无线技术方面作出决策并制订战略。

● 一种新的组织评估工具 WiQ，用来判断某个组织和战略环境中无线技术的应用状况。超过 50 位企业领袖接受了调查，内容为他们对无线技术的需求以及对将 WiQ 作为评估工具的看法。

● 利用无线创建新企业和进行产品创新的基本模型。

● 随着无线未来的临近，会出现一种适应性战略和决策框架，从而形成持续性的竞争优势。

通过衡量现有的框架并介绍新的框架，本书为管理者提供了一个宽泛的"工具箱"，驾驭无线未来，帮助组织形成竞争优势。本书的结构，正如图 0—1 所示，建立在 4 个关键目标上：

- 理解有关企业无线应用方面的变化；
- 阐述这些变化将如何影响你的组织和市场；
- 在新的无线机会上进行创新，为你的企业创造竞争优势；
- 将你的企业进行转型，从而掌控数字群。

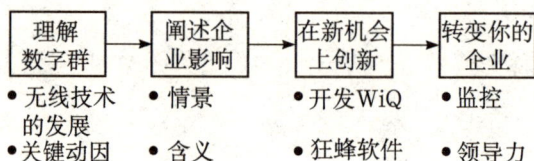

理解 数字群	阐述企 业影响	在新机会 上创新	转变你的 企业
● 无线技术 的发展 ● 关键动因	● 情景 ● 含义	● 开发WiQ ● 狂蜂软件	● 监控 ● 领导力

图 0—1　本书的关键目标

　　根据这一结构，本书一开始就描述了数字群以及走向数字群的过程。第一章"群类比和无线革命"对数字群进行了定义，审视了无线的发展模式，而这让我们获得了新的革命机会。第二章"数字群的推动力量"提供了有关数字群的当前和新兴的案例，明确了社会、技术、经济、政治和环境方面的 10 个作用力，这些都驱动着数字群。接下来几个章节向我们展示了数字群的未来发展及其广泛的影响。第三章"未来可能的情景：融合，冲突，协调"展现了在前面几章描述的动因和主题下有可能出现的两种极端的无线未来景象。在第四章"群效应对个人和公司的影响"中，这些可能出现的无线未来的含义在全世界各个地区的个体、组织和行业中得到了验证。接下来两章明确了成功战略以及未来的无线创新机会。第五章"成功的组织：战略和选择"描述了公司要在新的无线环境中获得繁荣所要采取的成功战略，并呈现了 WiQ 评估工具。第六章"监控早期变革信号并快速行动"讨论了具体的创新机会，这些可以由数字群提供，并为早期应用者执行。最后两章讨论了如何创建一个组织，能够适应数字群并取得成功。第七章"狂蜂数字群应用"讨论了组织该如何监控新变化，并发展出一种适应性战略，从而在高度动态的无线未来中维持竞争优势。第八章"群领导力"总结了关键因素，提出了一个领导议题，从而在数字群中获胜。附录 A "WiQ 问卷"是 WiQ 执行官调查。附录 B "无线技术基础知识"对无线系统进行了深度的技术审视，让你能够进一步探究这个话题。

鉴于我们到目前为止所经历过的巨大变化，以及我们可以预见到的无线技术引领的未来，本书更多的是一段旅程的开始，而不是结束。因此，特定技术和示例就反映了本书写作的当时环境。毫无疑问，这些例子会发展下去，并被新一轮的例子所取代。但是，无线技术的持久的、具有冲击力的发展步伐，以及向新数字群范式的转移应该是恒定的，不管我们最终会面对什么样的景象。数字群使你自己设定路线，这既是一种挑战，也是一种机遇。

目 录

第一章 群类比和无线革命

> 如果要为复杂的世界寻找一个恰当的比喻，那么没有什么比蜜蜂更好的了。
>
> ——托马斯·西里（Thomas Seely），蜜蜂专家

在地球发展之初就已经存在不同种类的各种生物群体，比如昆虫、鱼类和鸟类。最近，"群智能"理论已经被应用于从美国西南航空公司飞机登机路线的安排到"蜂群团队"的游击营销中。

韦氏词典对"群"的定义是："数量众多的运动或静止的物体聚集在一起，并且通常是运动物体聚集所形成的。"

无线网络连接了大量虚拟的用户群体和联网终端。无线网络可以使它们以自发协调的方式围绕特定地点、论题和活动组织起来。实际上，这就是一种"群"。"群"的概念超越了"融合"、"互联"和"渗透"等概念。"群"不仅是互联的、渗透的，还包括这些概念中所没有的集体行为和目标。"群"的这些特征是组织一开始难以深入理解和把握的。图1—1显示了使用户相互连接形成群的一些无线技术和社交网络。"群"的形成同蜜蜂围绕蜂巢活动的行为类似。

以无线技术为基础的群在近年来已经出现，比如在菲律宾，一群心怀不满的市民使用短信息协调行动占领政府大楼。然而由于互联操作

用户数据库　IP网络
移动交换中心
其他网络
（GSM、PSTN、ISDN等）
移动
用户　无线基站
生物芯片
网状无线基站

以一定的目的建立
社交网络

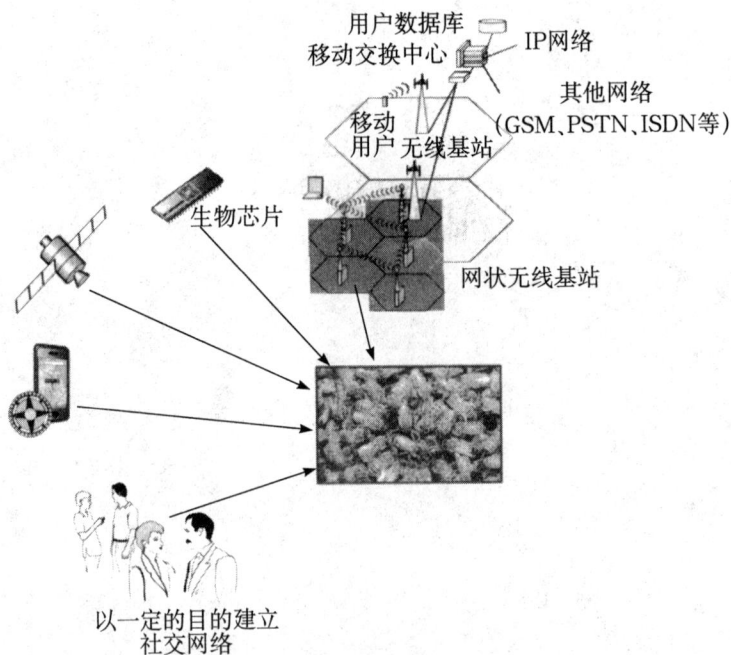

图1—1　无线技术和社交网络使用户相互连接形成群

性、定位系统、设备智能的限制，当今的无线网络不会自动支持"群"的行为。最新出现的第四代无线技术——4G，克服了这些限制，使"群"的形成成为专业和社会领域的常见情形（本章后文将回顾前三代无线技术）。

【价值建议】

为什么说你的公司理解了数字群的概念对获取财务收益很有好处：

● 无线技术几乎包含了我们所做的一切事情。

● 这会大大地改变公司和市场。

● 组织需要快速适应数字群以建立竞争优势，并规避对此一无所知带来的劣势。

请仔细思考以下四个问题：

● 你需要知道哪些无线技术？

● 这些技术对市场有何影响？

● 这些技术对你的组织有何影响？

● 要获得成功需要做些什么？

4G 技术是数字群的催化剂，4G 技术的范畴目前仍不十分清晰。首先，我们有必要先为 4G 下一个定义。几种潜在的 4G 技术标准正在出现，包括 WiMax（Worldwide Interoperability for Microwave Access，即全球微波互联接入）和 LTE（Long-Term Evolution，即 3G 长期演进技术）。通常接受的观点是，4G 将使用户无论在何处都可以通过无线设备，获得 100 兆字节/秒（Mbps）的传输速度。这比今天的家庭宽带连接，甚至大型办公室的宽带连接速度还要快。用户的手机智能终端可以根据用户所处位置和情形提供最合适的服务。这使 4G 用户可以在数秒内下载高清电影、模拟现实商业活动，以及参与各种虚拟娱乐活动，并根据所在位置和背景得到实时的丰富信息。这听起来很有吸引力，不是吗？但这还仅仅是开始。

4G 并不仅仅是一种智能技术，这一技术平台需要和其他社会、经济、政治和技术相结合才能出现数字群。

【深度见解】4G 无线技术意味着无论你走到哪里，都能够获得多种多样的"以用户为中心"的无线体验。

4G 生活中的一天 ▶▶▶▶

世界的无序带来不安，但是也带来了创新和发展的机遇。

——汤姆·巴里特（Tom Barrett），作家

闭上眼睛，想象一下你坐在家中或办公室中，你的周围以及物体之间流动着大量的信息，使用移动设备可以使这些信息形成交响乐。你的个人终端为你过滤大量的信息流。你可以和其他人以传递意见的方式进行实时沟通。你无须使用古老的通话方式，而是通过和多个虚拟头像进行互动和会话。你的设备能够快速感知你的状况，因为通过遍布你身体的网络可以系统地监测你的情绪和健康状况。因为决策的时间连续性和空间连续性的增强，工作和生活的界限日趋模糊，工作绩效和个人满意

度也越来越得到优化。你能够在任何时间、任何地点，使用一种生物网络设备轻易连接到全球通信网络，这就是无线新生活。

现在睁开眼睛，你会发现这一梦想马上就要实现，人体感官和环境控制将不再仅仅依赖于我们周围现有的基础设备。无线技术的进展、分布式计算、人工智能和生物科技为无线新世界奠定了基础。当技术能够使人们获得更好的体验时，我们就需要更好地认识正在出现的新世界，并调整我们现有的假设。人们以自我组织的方式进行活动，以获得最有效率和效果的结果，这当然很有吸引力。但这也产生了一些更深刻的问题，即"群社会"将会是什么样子。更现实的问题是，在这样一个呈分散状态的世界中，商业应当如何运行，公司应当以何种方式进行组织？

● 技术和社会的影响相互交织，使新的狂蜂数字群应用有了切入点。

● 促成最优决策的信息价值如何？这是否要牺牲隐私或损失财富？

● 谁监控、组织和控制那些自我主导决策的人们？如何管理这些人的行为？

● 公司是工作于其中的人的牢笼？还是能够利用新的"快闪族"群体进行新层次的创新和实现更高绩效？

【深度见解】数字群是由人们使用下一代无线技术的方式塑造的，而不是由技术本身塑造的。

在电影《蜘蛛侠》中，彼得·派克的叔叔本告诉他，"更大的本领意味着更大的责任"。社会和人能够利用"数字群"时代赋予他们的力量，还是被这种力量所击败？在本书中，我们将探索未来的无线世界并探索一些可能出现的新情景，以及这些对个人、公司和整个社会的影响。新世界的景象可能与我们现在所持有的假设和信念大不一样。要在未来数字群时代取得成功，我们必须面对这一切。

通向 4G 无线时代的道路 ▶▶▶▶

蜂窝电话是项新技术，但远远落后于大规模组织技术的创新想法。

——乔治·卡尔霍恩（George Calhoun），作家

当我们中很多人还没有适应 3G 手机的高速功能时，4G 无线技术已经出现了，1G、2G、3G、4G、WiFi（Wireless Fidelity）、WiMax。这些仅仅是技术平台，还是我们真的需要了解它们？我们的答案是：需要。特别是对那些无法想象技术对我们的生活和组织有多大影响的人和公司来说，更是如此。我们不需要仔细寻找，就能发现很多错过"未来"变革信号的例子，也能够发现很多高估新兴技术的例子。许多技术在对市场产生重大影响之前就已经出现。互联网出现后的 30 年，才使零售市场产生了巨大变革。如图 1—2 所示，在通信互联网络的道路上，"躺着许多过度投资于发大财机会的公司的尸体"，最多的是那些已经开始大幅度变革、而消费者并不准备作出任何改变的公司的尸体。

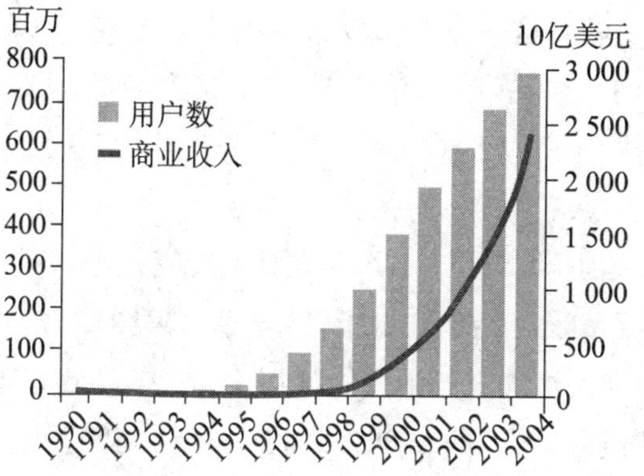

图 1—2　延迟的电子商务回报

资料来源：IDC Internet Commerce Market Model，Version 9. 1.

另一个例子是生物科技，基于基因技术的药物发明的美好愿景已经传播了很多年。人类于 1953 年发现了 DNA，并于 1972 年完成了首个基因序列的测定。然而人类基因图谱，直到 30 年后的 2003 年才完成。生物基础产业规模于 2000 年达到 230 亿美元，2005 年上升到 500 亿美元，而投资却高达 3 500 亿美元。许多难以预料的社会、政治和技术障碍使生物技术对医疗保健市场产生巨大影响的时间要预计的晚得多。许多投资者，包括政府，在基因工程项目上进行了大量投资，最终发现这一技术在当下还不成熟。

【深度见解】新兴技术难以预测，忽视重要信号将会增加我们短视或过度反应的概率。

电子商务的回报滞后和生物技术的市场影响，以及无线技术的发展都是很难预测的。回溯到 1947 年，当贝尔实验室首次提出移动电话概念时，没有人能够想象得到，这一新技术滞后了几十年才出现。全球性的无线革命和其他许多新出现的技术一样，也会出现滞后反应，但是大型公司如 FCC 和 AT&T 却没有看到这些技术的发展潜力。

首先，AT&T 低估了无线通信的重要性。1984 年，AT&T 相信了一份由麦肯锡咨询公司提供的报告。该报告声称，无线电话用户到 2000 年将低于 100 万，而实际上，这一数字是 7.4 亿。移动通信技术当时还不成熟——经常掉线，信号不好，并且耗电量较大——因此 AT&T 放弃了进入这一巨大市场。直到 1994 年，AT&T 花费 115 亿美元收购了 McCaw 移动通信公司，才成为 AT&T 移动通信公司。AT&T 于 2004 年将该公司出售，售价高达 410 亿美元（《经济学人》，2005 年 1 月）。

从上述评论中可以看出 AT&T 典型的短视行为。第一代移动通信或 1G 的产品包括大哥大和砖头式的无线电话（见图 1—3）。这种手机仅由部分专业用户和关注安全的消费者使用。在北美，驾车者可能发现有大面积的区域还没有覆盖信号。当时，移动电话体型巨大且非常昂贵（售价 1 500 美元或更高）。服务收费非常高，而且并不是哪里都可以使用。

【深度见解】如同许多新出现的技术，无线技术开始似乎并没有吸引力，并且很不经济，直到消费者理解了移动性的价值。

图 1—3　传统的 1G 产品——大哥大

第二代移动通信：无线技术腾飞 〉〉〉〉 ····················

尽管无线技术的应用存在很大的障碍，但是由于早期基于模拟技术的移动服务还是主要偏向高端用户，因此为未来市场的细分提供了巨大价值。低成本数字技术的出现和引进成为全球标准的主导，使得移动通信成为全球的主流，并使无线技术成为历史上发展速度最快的技术之一。CDMA（Code Division Multiple Access）技术的投入提供了一个和GSM（Global System for Mobile Communications）相当的竞争技术，但是因为高通公司（Qualcomm）等企业拥有知识产权，使得这一技术在美国以外获得的关注很少。通过将移动信号编码为"0"或"1"，无线通信系统能够使用户在享受高质量服务的同时，得到更细致、更便宜、更便利的体验。随着服务区外用户数量的上升，总的运营费用开始降低。另外，数字技术还使无线通信服务在语音通话和网络数据传输上更方便。这开启了无线通信应用的全新时代，并最终为客户提供高速、便利的服务（有时也被称为2.5G）。到2003年，2G移动电话的应用使世界上无线通信用户总数甚至超过了互联网用户总数（见图1—4），并且这一趋势还在继续。

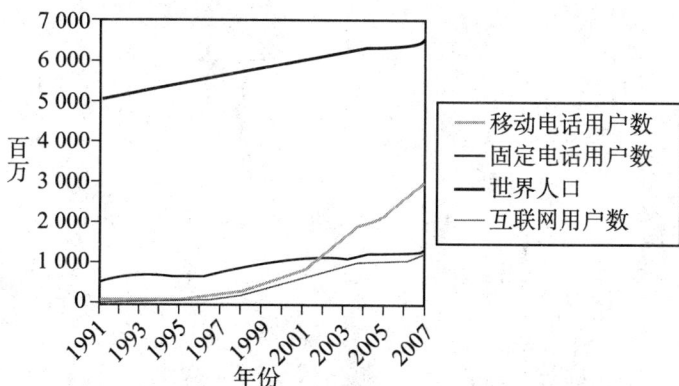

图1—4 移动电话用户数的增长

【**深度见解**】经济增长。数字电子设备的体积缩小，以及全球标准

（GSM）出现，使移动电话以指数倍的速度增长，用户数达到 10 亿。

WiFi：使每个人都成为通信公司 ▶▶▶ ·········

当蜂窝电话根据技术和政治要求自然发展时，一种被称为 WiFi 的新技术开始出现在家庭用户和小型企业的办公室中。WiFi 已经成为狂蜂数字群的应用，因为它使用户可以享受未经授权的无线频段，这意味着任何人只要在 150 英里的范围内，都可以连接到 WiFi 热点上顺畅地使用宽带。由于这种用户便利性和无线特点，WiFi 立即受到很大欢迎。2007 年，全球 WiFi 热点数目达到 178 000 个。WiFi 网卡成为手提电脑的标准配置，许多公共场所也开始配备 WiFi 热点，WiFi 技术开始腾飞。现在 WiFi 甚至被用于免费传输互联网语言（或 IP 语言），成为固定电话和移动电话的替代。图 1—5 显示了 WiFi 正以令人难以置信的速度增长。

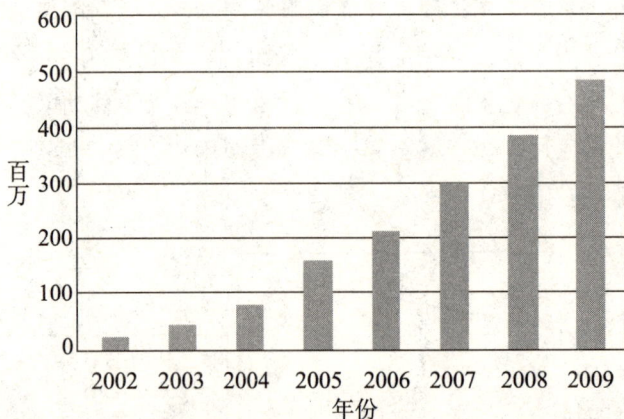

图 1—5　WiFi 设备销售量

【深度见解】WiFi 使用免费的频段打破了传统通信的成本模型，设备成本更加低廉，使用户能够更容易地接入宽带。

然而，与 1G 移动电话一样，在 WiFi 发展初级阶段，只有很少分析师看到了它的长期发展前景。实际上，分析师曾认为 2000 年的市场规模仅有 2 亿美元，而实际上，WiFi 的市场规模在 2004 年飞速达到了

20 亿美元，WiFi 相关的设备和服务市场也迅速增长。

第三代移动通信：不切实际的预期 ▶▶▶▶

2G 移动通信仅凭基本语言和文本就点燃了"移动"革命之火，但 3G 在起步时就承载了很高的期望值。3G 技术被期望能够支持新种类的多媒体应用，传递新的无线宽带体验。当时的主导观点认为，3G 能够带来巨大商机，因为它能够为用户提供更新、更丰富的宽带服务，用户的付费也会更多。实际上，Strategis 集团预测 3G 相关收入在 2000 年将达到 30 亿美元。期望值如此之高，使得欧洲的无线运营商在 3G 上花费了 7 009 亿美元。遗憾的是，这种"非理性繁荣"给这些公司带来了 600 亿美元的债务，股票价格下跌 60%，3G 服务市场渗透速度缓慢，收入规模有限（2004 年宽泛定义的 3G 服务实际收入为 50 亿美元）。为何 3G 没有像 2G 那样取得巨大的成功呢？3G 成功的障碍主要如下：

● 绩效目标过时——3G 标准于 1998 年被设计为 250 字节/秒（bps）的速度并与宽带速度相竞争。而现在宽带速度已经大大提高了，远超过 1Mbps，3G 却没有相应的提高。

● 知识产权问题——由于 3G 标准的 CDMA 技术中 IP 和授权成本很高，因此只有少数公司（高通和其他公司）拥有知识产权。用户支付电话费用时还需要支付更多的知识产权费用。

● WiFi 横空出世——由于 WiFi 的速度快，设备价格低廉，使用频段免费，使得 3G 技术的吸引力开始降低。WiFi 应用不断增长，具有很大的潜在收益。

● 缺乏出色的应用——狂蜂数字群应用在哪里？除上网之外，其他宽带资源的应用并不多，毕竟手机电视和手机游戏的市场相对狭小。

● 手机限制——直到 iPhone 出现之前，手机的设计仅仅跟随带宽上升而调整，手机上网仍需要一个能够显示网页的手机屏幕，这个过程进度较慢，抵消了宽带增长带来的收益。

【深度见解】因为不切实际的无线宽带业务收入预期，移动运营商在 3G 技术上投资过度，而实际收益则远小于预期。

第四代移动通信：促成数字群的产生 〉〉〉〉

尽管有一些挫折，但是移动通信技术却出现了有史以来的大繁荣，全球用户人数接近 40 亿。新技术和标准的不断出现，在无线领域内引起了巨大的变革，同时对整个通信产业也产生了巨大影响。3G 网络使人们通信的速度更快，而 4G 网络则使人们使用移动技术的方式发生巨大变革，使用户掌握了更多的控制权。我将这种变革称为"数字群"。本书将探讨数字群产生的推动力量，以及数字群是如何改变移动通信的游戏规则的。

第二章 数字群的推动力量

技术出现，技术消失，没有一种商业模式、艺术形式和实践是永远存在的。它必须和其所处时代的社会、技术和市场环境相匹配。

——保罗·米勒（Paul Miller），网络传道士

本章将讨论在未来十年中促成数字群产生的十种新的社会、技术、政治和经济的力量。图2—1描述了这些关键的驱动因素。

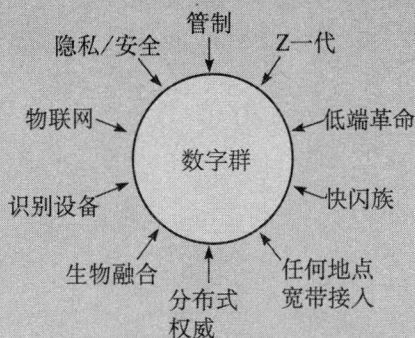

图2—1 数字群的关键驱动因素

快闪族：授权与群的非凡影响力 》》》·············

斯蒂芬·金（Stephen King）在《手机》一书中写道，利用手机控制一大群人的头脑，并使他们成为僵尸。在菲律宾，移动电话被用于组织号召群众推翻政府；在美国，移动电话则驱动草根阶层支持奥巴马竞选总统。这些情景表明，无线技术正成为社会网络变革的助推器。

在社会网络中，人们遵守默认的规则，并保护共同的利益，这成就了社会网络的繁荣。破坏规则的人将受到警告，有时被隔离在网络参与者之外。人们以维护共同利益为引擎，投入时间、努力甚至金钱，并不期望立刻得到回报，这被称为"礼物经济"。霍华德·雷瑞哥德（Howard Rheingold）在研究不同用户群体时提出了这一术语。在无线网络中，这种"礼物经济"达到了一个全新的层次。在无线网络中，用户更愿意提供一个他们自己的信号，并向其他移动用户提供有限的服务。同时还出现了新的强有力的应用，比如智能高速公路、人员追踪，以及安全威胁检测。

【深度见解】无线技术能否深刻广泛地改变任何组织的行为？如果可以改变，它对社区和组织的影响是积极的还是消极的？

隐私和安全：二者相辅相成 》》》·············

不管是一群高智商的美国麻省理工学院学生在德国用手机下载巴黎卢浮宫地图，还是黑客改写 iPhone 代码，无线安全都是无线世界中的一个核心问题。无线设备中病毒的扩散以生物模式进行，地理上相互临近的设备最容易感染，这很像人们的感冒传染。未来的无线设备能够在使用者没有意识到的情况下，连接到周围的任何网络，这为病毒从一台设备传播到另一台设备创造了便利。

无线隐私问题也是一个非常重要的问题，完全不亚于无线安全问题。随着 GPS（全球定位）系统的应用和定位信息准确到一米范围内，有关某个用户行为的数据积累就会爆炸。因为一旦无线移动设备处于工作状态，会不断地记录使用者的位置或信息，这类数据被称为"实时监控"。通过这一方式所得到的某个人去过哪里的信息比他自己所描述的准确且可靠得多。保险商开始通过无线 GPS 信息获得驾驶员的驾驶习惯，并利用这些信息提供保险折扣；赌场通过记录用户手机如何在赌场中移动，并以这些信息为基础来推断不同玩家的赌博行为；学校开始记录学生的活动，政府机构使用相应的无线技术追踪记录雇员的行动等等。无线技术的应用场景如此之多，那么未来这些数据应该由谁来控制？

【深度见解】无线技术会对人们的隐私和安全产生什么影响？我们应该以何种心态去面对？封闭式还是开放式？恐惧还是信任？社会和政府对此作出何种反应？

无缝的移动性：地域与工作—生活之间的界限变得模糊 ▶▶▶

随着设备更加智能化，用户能够在任何地方获取并应用资源，工作—生活之间的界限变得日趋模糊。

我们已经看到，使用者正在越来越多地将应用于消费的设备带进工作场所，尽管 CIO 们因为担心安全或者成本问题而反对这种做法，但是这一变化趋势是无法阻挡的。知名网站、网络营销商、设备制造商，甚至零售商，正以各种方式渗透到企业中来。无线设备遥控了我们的生活，使用户在生活和工作之间划分界限越发困难，企业承担了更多"抓住潮流"的责任。企业必须找到管理快速变化的生态系统的方式，在这个生态系统中包含各种个人所选择的设备，需要一种对合适行为的宽松指导政策。

在某些情况下，使用者可以在家庭以外建立自己的无线网络。网状网络（比如英国的 Fon 公司）使用点对点的通信，用户可以直接进行相互之间的交流，如同网络中的节点。从许多方面看，用户就是网络，这种点对点式的文件共享和网络很相似，都是基于开放管理、无中心式和自主操作式的。比如 KaZaa 和 eDonkey 等软件，可以使用户在没有权威管理设备的状态下自由使用无线网络。从经济上来说，网状网络的基础设施是非常有吸引力的，这是因为耗费最大成本的是移动设备而不是基础设施，比如移动通信网络。

【深度见解】随着家庭和工作环境的融合，雇主和员工对于无线设备的应用和控制是否仍能保持平衡？谁将承担这一成本？

识别设备：情景智能与决策 ▶▶▶▶

回溯到 20 世纪 80 年代，伴随着有关人工智能机器人与汽车的美好希望的产生和戏剧性的破灭，人工智能（Artificial Intelligence，简称 AI）渐渐成为人们关注的焦点。在第一次浪潮中，人工智能失败的原因主要有两点：当时技术还远远不成熟，人们还没有为这些给社会带来巨大变化的变革做好准备。

时光流逝了 20 年后，人工智能的复兴似乎已经抬头。尽管普通用户没有注意到这一点，但实际上它已经成为我们生活和决策制定的一部分。亚马逊（Amazon）和 TiVo 等学习算法不断分析我们的最新偏好，监视摄像机不断分析视频，并监控和发现商场中的盗窃案。iPhone 能够基于背景，判断出我们是打算通话还是发送信息。在今天我们周围的许多无线设备中，对单个用户的理解能力还是有限的，在不同网络之间也不能够转换自如（比如 WiFi 和 3G）。但是当移动设备具备了更强的计算能力以及更智能和更强大的识别能力之后，我们就可以利用频段和网络探测用户所处方位，并能够知道有哪些设备可以连接；知道用户状况和偏好，并有针对性地对通信手段和应用做出适当调整。例如，知道用户是在奔跑还是在休息，就能够根据他的接入要求，调整应用类型。

在军事领域，数十亿美元已经被投资于软件控制雷达的布置上，而商业领域的应用服务只是时间问题。这种移动设备几乎能够接入任何网络，并能够根据每个用户独特的情景进行调节。基于这一点的识别设备是 4G 技术中最大的"游戏规则改变者",因为它们能够将无线网络的强大功能传递给用户。

【深度见解】这些用户之间的智能设备将如何产生交互作用?谁负责管理和监督整个系统以确保资源公平合理地配置到每个人身上?

嵌入的力量:处理和连接一切 ▶▶▶▶·········

实际上,机器与机器(M2M)之间的交流远远多于人与人之间的交流,只不过这一切不可见而已。在 2007 年,有 100 亿台微处理器被售出,其中多数嵌入在通信设备中,这些设备主要有手机、家庭控制设备以及游戏机。有些预测观点认为,未来十年互联终端数量将达到 1 000 亿个。这种分布式的出现使传感网络成为可能,传感网络可以用于设计诸如远程设备监控、威胁探测(火灾、洪水和恐怖袭击)及远程协调工具(轮船、飞机和汽车)之类的功能强大的设备。

温布利球场使用了捕鼠网式的传感监控设备,可以向监控终端发送信号,这使得员工巡视整个捕鼠网成为可能。咖啡机和冰箱等设备中信息传递的应用,能够使人们进行远程操作和控制(我们无须打开冰箱就能够检测啤酒是否已经够凉)。在军事领域,无人驾驶飞机(UAV)能够快速组成网络并及时作出决策,减少探测到袭击目标的时间,这一时间从数个小时被缩短至数分钟甚至数秒以内。

【深度见解】全球的互联网络和传感设备将如何改变我们的生活、工作和商业模式?我们在利用更多的信息作出更好的决策的同时,是否需要牺牲更多的个人隐私?

Z 一代(回声潮一代):移动式 DNA 的传播 ▶▶▶▶·········

14 岁的女孩将成为每个家庭的青少年信息处理官。
　　——塔基·帕帕多普勒斯(Taki Papudopoulis),德雷塞尔大学校长

　　与对安全和隐私担忧的主流观点不同，年轻一代（Z 一代）将这一威胁转化为机遇，开放自己的生活，融入了网络。很显然，十几岁的青少年和年轻人将技术视为自己生活和个性的延伸，而非像成年人那样，仅仅将技术当作一种必需的通讯手段或者工具。问问那些不到 20 岁的人是否拥有自己的电话通讯线路或者电子邮件账户，他们会觉得你的头脑太过时了。实际上，到 2012 年，仍有 2 600 万美国成年人没有电话通讯线路。因为新一代在成长过程中已经习惯了短信、文本即时通讯和共享媒体或者这些通讯方式的组合，这使他们能比上一代人进行更多的信息沟通，另外，他们对个人生活的透明度也有很强的适应能力。从 Facebook 和 MySpace 这样超级流行的网站的繁荣可以看出，他们需要时时连网，诸如 Helio's Buddy Beacon 和 Dodgeball 服务公司为他们提供了有关他人地理位置的信息。

　　【深度见解】在 Z 一代成熟之后，他们对组织和网络的看法是否会越来越保守？他们是否会大大促进无线技术新模式在商业和个人生活中的应用？

生物融合：无线技术和人类健康 ▶▶▶

　　无线技术已经大大改变了医疗服务的方式，Healthpia 和 Myca 服务能够通过移动电话检测患者的健康指标，甚至还能通过移动视频设备自动连接医生。未来移动设备可能不仅包括这些特征，还包括用于探测使用者的环境中潜在有害传染物或者致病体的生物传感。

　　如同移动电话能够成为电子钱包一样，它们或许还能够为患者提供移动医疗记录。一些国家，比如法国，已经要求为个人编制并配备医疗信息身份卡。如果远程人员需要医疗诊断，他的全部健康记录就能够通过智能移动电话传输，以使医疗过程更快，从而大大提升患者获救的可能性。再回到相关数据库的隐私问题，因为更多的敏感信息可以通过无线设备获得，这也就产生了一个问题，所获得的收益是否值得冒如此大的风险？

移动电话不仅可以改变诊断治疗的方式，还能够影响药物研究和新药物的开发。生物学可以被应用于移动病毒的传播，反过来也一样可以控制其传播。疾病控制中心最近使用《魔兽世界》（World of Warcraft）中的虚拟游戏以了解疾病的传播方式和影响力。追踪新技术和源代码如何在设备中移动，将有助于深入理解传染病如何在人群中传播。

【深度见解】无线技术能否成为医疗领域的医疗规则改变者？或者仅仅是一种通讯工具？

公司的消亡 ▶▶▶

当员工越来越能够在传统公司边际之外执行业务时，许多公司的层级结构面临着挑战。在 20 世纪 90 年代末和 21 世纪初，远程通讯使员工可以在家里连接到公司的虚拟网络而完成基本的工作任务。随着互联网成为更多公司的平台，更多的商业应用或者"电子技能"，如远程办公，使员工在家工作的比例越来越高。像捷蓝航空公司（JetBlue）的呼叫中心一样，有些大型公司已经建立了虚拟工作团队。印孚瑟斯公司（Infosys）的咨询团队以及 Linux 的成功案例说明，大规模产品开发项目无须组建正常的组织结构就能很好地完成。未来的无线技术将进一步使员工获得自由的权利，并使他们在任何地点都能够得到利于决策制定的信息，因此组织结构会越来越扁平化。

随着未来移动设备拥有越来越强大的计算和储存功能，人们不必局限于办公室的环境中。随着人们能够在何时何地和如何工作方面有越来越多的选择，工作和生活之间的界限也会变得愈来愈模糊。员工也将对公司选择和应用哪些技术方面拥有越来越多的发言权，他们不会选择那些对生活造成不便的技术应用。另外，公司还应努力创造一种使员工能够更大限度地发挥其潜能的文化氛围，而不是像过去一样，仅仅将员工作为群体的一分子来对待。

【深度见解】数字群如何影响组织的结构？具备了移动性以后，组织将变得高度分权化还是更加集权化？

低端革命：新兴市场上的创新 ▶▶▶ ·········

  C. K. 普拉哈拉德（C. K. Prahalad）在《金字塔底层的财富》（*The Fortune at the Bottom of the Pyramid*）一书中，彻底推翻了世界经济的传统思维方式。他指出每天生活花费在 2 美元贫困线下的 27 亿人加起来是一个巨大的却被冷落了的市场。27 亿穷人可以成为下一轮世界贸易和繁荣的引擎，这些人口的产品服务需求有巨大的市场潜力。服务于低端市场的无线运营商，例如 Millicom 和 MTN，是世界上盈利能力最强、增长速度最快的营运商。也许你已经想到，无线技术在经济欠发达地区的渗透力远高于固定电话在这些地区的渗透力，这也形成了一种蛙跳式的发展模式。

  下面给出了一些最新出现的基于无线技术产品和服务的例子，这些产品和服务的目标客户群都来自金字塔最底层。

  ● eChoupal——印度农民和渔民，通过移动设备搜索市场价格，然后再长途跋涉将商品运往市场，这使供需之间的匹配更有效率。

  ● Microfinance——通过连接银行与社区间的无线电话网络向边远村庄的居民提供小额贷款（少于 100 美元）。

  ● Virtual doctors——医生和健康中心的工作人员可以通过无线视频和数据连接向远方患者提供基本的医疗服务。这使医生和健康护理工作者不必将宝贵的时间花费在去为危险患者诊疗的路上。

  克莱·克里斯滕森（Clay Christiansen）在《创新者的窘境》（*The Innovator's Dilemma*）一书中详细阐述了为传统顾客提供新的、革命性的产品的情景，许多传统无线服务提供商忽略了低收入的细分市场。然而，这一细分市场的用户如此之多，使他们成为数字群时代中有潜在的强大塑造力的群体。

  【深度见解】无线解决方案是否因为面向低端市场而忽略了高端市场？最终是否会出现富人群体和贫困群体之间两种截然不同的无线服务？

IP 管制和无线生态系统：控制或转移利润的动机 ▶▶▶▶

历史已经证明，标准可能成为产品增长的一种经济催化剂，UNIX、TCP/IP 以及 GSM 都显示了开放性全球标准的巨大力量，许多封闭的标准也为市场和知识产权（IP）的拥有者，带来了价值，比如 iTunes、Windows、黑莓、Server，以及蓝光。如前面章节所提到的，CDMA 标准的应用因要求用户缴纳数目不菲的知识产权费用而受到限制。相对开放的 GSM 迅速占领了全球市场，覆盖了全球用户，而 CDMA 则只占不到 1/4 的市场份额。

最后，中国开发了自己的 3G 标准，因为它不愿意为使用 CDMA 电话向高通和其他公司支付知识产权费。因为中国有着世界上最多的移动电话用户，中国在这方面有着足够的话语权，随着新的拥有不同知识产权的运营商进入无线生态系统，这些不同的标准之间是协调还是对立，政府、厂商和用户哪一方将起决定性作用，这些还都不清晰。

【深度见解】谁将控制 4G 和数字群技术的知识产权？4G 和数字群技术是将基于开放式标准还是封闭式标准？

理解未来的框架 ▶▶▶▶

本书认为，在未来，驱动技术将不是孤立地起着决定性作用，它们将以一种复杂网络持续变化的趋势和不可预知的方式影响着未来。系统思考是一种有效的分析复杂环境的框架，在这一环境中有着巨大的复杂性和不确定性。系统思考分析已有的力量，并描述这些变量之间的网络联系和变量之间的影响路径。有时，这些关系是直觉的，只有开放模型才能清晰地描述这些关系。

让我们在影响未来数字群的因素分析中使用系统思考方法。我们首先考虑主要的驱动因素，并在需要解释系统之间相互关系时创建新的变量。如图 2—2 所示，直线箭头代表原因和影响，每一条路径上的正负号代表是正向还是负向的关系。

从模型中，我们能够看到影响无线增长的因素及其主要驱动力，例如狂蜂数字群应用、网络信任。举个例子，有关移动电话健康或环境影响可能使在衣物和身体中置入无线设备的兴趣降低。反过来，这又将限制嵌入式传感和识别设备根据环境作出决策的能力。这还会影响移动通信的无线性，因为用户设备不能适应已有的网络类型，结果狂蜂数字群应用无法得到推广。这种系统图表分析对我们分析未来情景中的变量及其相互影响非常有用。

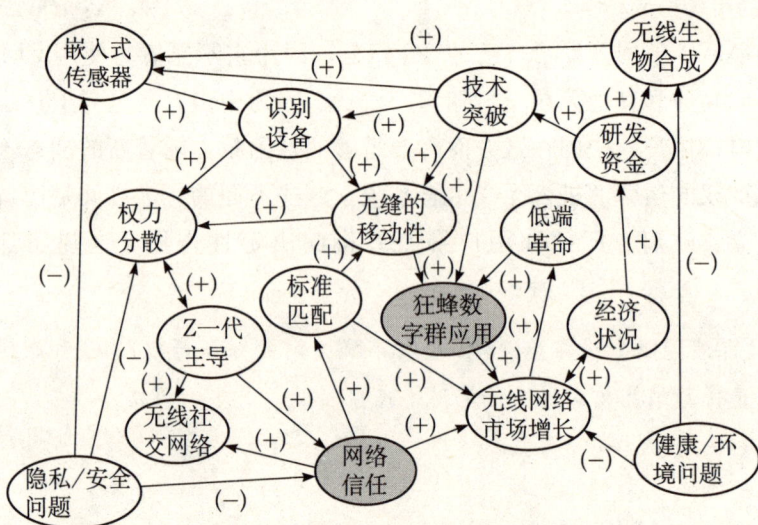

图 2—2 狂蜂数字群应用图解

【深度见解】大量相互影响和不可预测的因素驱动着数字群的未来，系统思考是我们分析这些复杂的交互作用的一种非常有效的工具。

下一章节将为无线新世界详细设定多种情景，这些情景的勾勒都是建立在本章我们所探讨的数字群系统模型基础之上的。

【战略规划工具：情景规划】

情景规划几十年来已经被用于帮助组织为不确定性的未来做好准备，壳牌石油公司广泛使用情景规划来理解和预测未来环境，以更好地作出投资决策。

情景规划的目标是为一个行业或者市场勾勒出各种可能的战略发展方向，这种方向对现有组织在未来获得成功有很大影响。情景规划的预测不受人为控制的外界因素的影响。

情景规划的基本步骤如下：

1. 预测影响未来的重要力量：经济、社会、政治、技术、法律和其他重要力量。分析这些力量之间的关系，以及它们是否互相影响，并在这些分析的基础上识别影响未来发展的基本驱动力量。

2. 区分不确定性和未来发展趋势：战略的建立要以长期趋势为基础。不确定性对未来是带来好处还是灾难性的后果是难以预测的。对每一种不确定性，需要辨识其可能变化的区间范围。通过可能性判断得出的各种结果，开发影响力图表，如图 2—2 所示。据此图表判断影响因子之间交互作用的关键所在。

3. 开发多种情景：通过分析有最大影响力的不确定性的各种结果，把这些最具影响力的趋势合成一体，形成一个最有可能的未来情景。最后，以叙述性表格开发多种情景，包括各种驱动因子、关键网络以及关键节点。

情景规划并不提供解决问题的方案，而是提供未来走向的深刻见解。在未来环境不确定并且错综复杂的情况下，目的在于实现"基本正确"，而不是"精确错误"。无线市场的未来发展和新兴数字群的出现只是环境不确定性的一个例子。

一些变量高度不确定，并可能演化出多种结果（如网络信任和狂蜂数字群应用）。其他变量则可能在已有情景下保持一致，预示着趋势的走向（比如技术突破和分布式权威）。不可预测的变量要求实施更多的能够应对多种可能结果的柔性战略，见表 2—1。

表 2—1　　　　　　　　　不可预测的变量

变量	组织面临的柔性战略挑战
网络信任	任务导向还是娱乐导向的无线应用
无线市场增长	有限的选择还是变化多样的无线选择
经济趋势	无线应用发展的资金充足还是受限

续前表

变量	组织面临的柔性战略挑战
狂蜂数字群应用	新应用被快速全面接受还是逐步接受
标准匹配	接受一个无线标准还是多个标准
Z一代主导	Z一代行为方式被广泛接受还是被限制
隐私和安全	无线安全政策是开放的还是封闭的
健康和环境	强调的无线安全是处理式的还是不作为式的

其他变量则在未来所有情景中更可能保持一致，如表 2—2 所示。因为这些变量有在不同的情景中变化很小，你可以把这些变量当作整体趋势，并围绕这些变量制定战略，这些变量有在未来十年中保持现有发展趋势的强大势能。

表 2—2　　　　　　　　　　代表趋势的变量

趋势	组织的应对策略
技术	在运营中快速应用新无线技术
低端革命	推出并整合面向低端的无线应用
无线技术	内部和外部社会网络的无线接入
嵌入式传感	在产品和运营中应用无线传感
分布式权威	建立决策权处于组织末梢的扁平式现代组织
无缝的移动性	无处不在的无线网络应用
识别设备	在具有高度灵活性功能的设备上大量投资

这些趋势将不同的不可预测的变量交织在一些，以创建下一章所描述的两种不同的未来场景。对任何组织来说，这些变量和趋势都为未来无线战略的应用带来了独特的挑战。我们将在本书后面的章节详细讨论这些调整和潜在应对战略。

第三章 未来可能的情景：
融合，冲突，协调

The New World of Wireless

> 预测无线市场的未来就如同到宠物商店试图选购不会在 20 分钟以内死亡的金鱼，因为你驱车将金鱼带回家并放进鱼缸就要花费 20 分钟时间。
>
> ——克里斯·威尔逊（Chris Wilson），《移动市场培育》

本章描述了未来无线网络的多种可能情景，这些情景是在前面两章所识别出的驱动因素和趋势的基础上提出的。情景规划只是探索未来数字群时代多种可能性的一种有力工具，用情景规划可以帮助领导者对现有假设提出疑问并制定信息充分的决策。这些情景代表着未来十年中无线网络的边界和极端情况。虽然这些情景在未来极有可能不会发生，但是这些情景中的重要因素和组成部分会变成现实。通过制定面向极端情景的战略，你可以使你的组织在未来的多种情景中立于不败之地，而不是在不确定环境中固定在一个预测点上制定战略。

第一种情景（情景 A）被称为"自然对界"（Nature Aligns）。在这种情景中，无线生态系统发生整体的变革，成为广阔而丰富网络中的节点，这为多种新技术应用和价值创造提供了机会。第二种情景（情景 B）被称为"狂蜂"（Killer Bees）。在这种情景下，世界因不同的标准和技术发生分裂，经济边界、无线网络、设备和应用在带来机遇的同时也不可避免地产生威胁，比如全球无线病毒传播。这种关于未来的情景描述代表着制定策略以区分边界，分析这种情景的目的并不只用于预测未来。图 3—1 显示了技术革命是一种趋势一致性的力量，网络中的社会信任则是一种不可预测的因素。它们相互交织作用，将我们带到一个存在各种可能性的未来中，很显然，许多其他可能的情景也是存在的。我们选择这种情景作为未来可能发展的边界。我们可以应用它们作为挑战现状的基础，并开发出面向未来的战略。

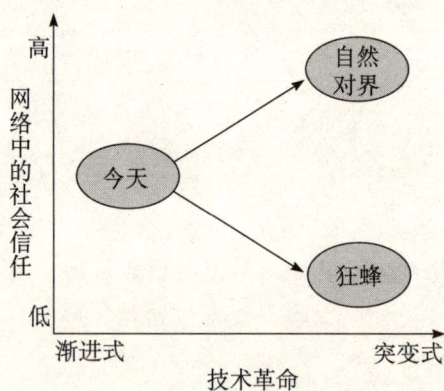

图 3—1　数字群主要推动力量的相互作用

情景 A：自然对界 ▶▶▶

当你将这些不同技术、经济和社会组合拼凑在一起时，就会得到一个基本构架，在这一构架中，会出现以前从未发生过的人类行为。

——霍华德·雷瑞哥德

在未来，无线技术的进步为我们创造了很大的价值，比如由移动虚拟网络运营商（MVNO）、设备制造商和人工智能制造商引领创新。能够提供终端到终端质量服务（QoS）的自我管理组织成为常态，当无线宽带与其他设备成为欠发达地区的普遍权利时，数字鸿沟也就消失了。今天，WiFi 成为经济发展过程中的一个重要的社会元素，这一技术与100 美元的计算机以及 20 美元的智能手机一起推动了第三世界的发展，无线技术除了能够传输语音和数字信息之外，还提供了许多社会利益，包括疾病和灾难追踪、天气预测、安全/恐怖活动的早期预警系统。在身体区域网络（BAN）中，技术设备被置于用户的衣服或者他们的身体之中，监控健康信号并在人体中注入药物。无处不在的无线技术使大型组织进一步扁平化，随着使用者为了共同利益进行协调，"礼物经济"成为主导，那些破坏了"潜规则"的人将被大众隔离。"群众的智慧"将比单个无线用户有力量得多。

下面几个部分将描述"自然对界情景中的各种变量"。

■ 网络信任

在这个世界中，无线网络安全有着很多的前瞻性防护，更重要的是，使用者可以自己监控环境中造成危险的潜在行为，比如互联网上自发的针对"基地"组织活动的巡逻队。还有一个例子就是今天"邻里保护"的概念。结果是，使用者对通过无线网络公开自己基本情况的细节信息没有感到任何不适，这些基本信息包括财务和医疗记录信息。尽管有时移动电话会出现故障，但用户可以在本地通过技术和政策升级进行快速修复，这些修复是通过用户手机上自带软件的自动升级完成的。使用者的本地信息被所有的行业用于向顾客提供更高质量的服务，公司了解保护用户信息的重要性，并采取合理措施保护用户信息。用户几乎可以使用他们的智能终端连接到任何网络，从点到点网络，到无线局域网（LAN），再到高级无线网络。用户相信终端智能设备的安全标准和内置的保护功能，他们可以放心地通信和交易，对于无线网络的信任总体来说也很高。

■ 技术突破

在无线价值链的各个环节，技术正飞速向前发展，包括网络、终端和应用。人机界面技术的进步为无线终端带来丰富的、无处不在的多媒体体验。

终端具备了多种识别功能：

● 感知用户环境及其所处情景，包括天气、活动、位置和生理指标等。

● 通过网络蜘蛛和智能代理找到并投入网络资源，包括频数、宽带和应用。

● 根据用户、情景和状况，判断用户在哪里，如何以及何时想要接入不同的应用服务。

不同类型的用户可以以合理的价格得到这些设备。差别化主要是基于不同产品风格的选择。终端制造商是指那些能够成功引入人机界面变革，并且在手机设备中加入增值服务的制造商。这些功能能够帮助用户作出决策。在某些例子中，这些智能设备已经达到了人类的识别能力需求。在自然对界中，这些技术进步都被视为满足移动网民需求的积极措施。

因为技术促进并保持了已有的诸如 WAN（广域网）、LAN（局域网）之类的局域网之间的多样性，使得无线宽带具备了高度的可靠性，并且可以无处不在。这其中也包括网状网络，在网状网络中，用户作为网络中的节点，通过最有效的路径进入通信，这使网络提供商必须在低成本战略和个性化战略之间作出选择。某些网络起源于机器到机器之间的通信，比如传感网，以及包括用户也包括独立设备的其他服务。

■ 无线网络市场的增长

无线网络市场在过去 10 年快速增长，在世界 90 亿人口中有着 60 亿用户。增长中的很大部分来自发展中国家，在那里，无线网络已经绕过了有线网络的发展阶段而成为主要的通信媒介。在无线网络发展时间很长的美国和欧洲，有 30％的人口在日常通信中仅依靠无线通信方式。区号和地区电话交换已经成为历史遗物，因为好的移动号码可以在任何地方使用。语音电话在世界任何地方都是免费的，因为语音和数据流已经难以区分。数据可以有着多种服务等级和对应的依据。即使无线宽带网络无处不在，网络运营商也只能使用 QoS（Quality of Sevice，服务质量）来优化某些应用技术的性能，而用户也愿意为 QoS 付费。例如，多用户游戏非常流行，因为需要视觉和感觉的互动，这就要求高带宽和高稳定性。玩家登录并连接游戏时，网络能够识别他们并升级服务，以此收取费用。因此当传统网络运营商面临着收入增长的限制时，新型运营商却能够发现具有盈利性的细分市场。这类细分市场须根据客户价值提供独特的服务。在未来，其他的运营商，比如 Skype 是完全语音驱动的，这类运营商追求用户数量的增长，并通过广告、销售用户统计数据和融合类型的服务收费。很少有运营商能够依靠垂直的内容模式（比如迪士尼和 ESPN 的方式）生存，因为大型内容和应用的提供商，比如默多克和索尼，需要通过现有的无线网络播放节目。

■ 经济状况

全球经济稳步增长，无线网络接入的推广，使发达国家和发展中国家之间的财富差距日趋缩小，并使全球发展变得透明。结果全球自由市场的权威力量被大众的力量所取代，而这一改变对社会来说是个福音。全球商品贸易活跃，形成了分布式的全球贸易体系。传统的口岸和贸易中心不再重要，因为供应商和购买者能够在开放的市场上很容易地进行商业活动，并找到最便利和价格最低的交易方式。"砖瓦水泥"零售商仅成为展览中心，仅提供消费者能够触摸和感受得到的商品。权力也从传统的金融市场上转移，因为信息透明已经消除了大型银行和交易所的优势。纽约证券交易所、伦敦证券交易所等成为信息汇集和交融的场所，但它们不再需要对某只股票进行估价，因为这一行为将分散到整个广阔的全球市场，华尔街 20 世纪 80 年代和 90 年代的美好时光已不复存在了。普通投资者和贸易商能够和大型机构一样接入网络，获取工具和信息。结果是，普通投资者的回报提升了。新的对冲基金每天都在不断出现，因为聪明人可以凭借其出色的交易记录向投资大众自我推销。个人和汽车贷款活动也超越了传统的银行信贷，个人之间进行的按揭市场也发生着同样的转变。相反，小型金融机构却可以凭借无线网络成为主角。

■ 狂蜂数字群应用

创新不断出现，推动了商业和娱乐应用的发展，和对网络覆盖的不断投资。狂蜂数字群应用主要面向消费群体，包括那些处于经济底层的人。因为其提供的服务更简单、更有效，速度更快。下列无线应用有希望获得更多的用户应用。

- 互动多用户游戏——从虚拟赌场到令人难以置信的冒险游戏和运动，包括多人体感游戏。

- 视频游戏——实时下载、观看和传递高清晰度的视频娱乐的能力出现，这些视频从小短片到电影，并可以在多种形式的移动终端上播放。百视达（Blockbuster）和 Netflix 早就消失了。

- 金钥匙服务（Concierge）——提供从送花和地区新闻提供到路线推荐、维修和医疗设施推荐的多种服务。

- 决策支持——依靠实时更新的信息和关键信息，帮助组织和个人部门更好地作出决策，这些信息包括提供用户位置和背景信息，这对现场教练、地区销售团队和战场上的老兵都很有用。

- 虚拟体验——允许用户在具体加入狂蜂数字群应用之前享有亲身体验的机会。这不仅仅限于屏幕上的浏览，还包括通过无线设备实现虚拟现实体验（手套、眼睛、嗅觉刺激）。

- 互动教育和培训——教师可以利用无线移动宽带以实现由人授课和机动授课的平衡，这超越了传统教室的边界。

- 虚拟健康保健——主治医师或医院护工可以远程对正在休假的患者进行监控和诊断，新的应用使医疗保健服务在任何地点都可以提供。

- 远程感知、监控和控制——移动电话通过分布的传感器和应用真正实现"生活的远程控制"，能够护理老人、儿童甚至宠物，以及分析水源、碳排放、安全等指标。

- 投票和市场预测——无线用户能够快速得到关键问题上的大众或者专业群体的观点，包括产品、市场和政治等方面。

- 分布或供应链——整个供应链上的产品追踪、路线安排和安全保障使得供应链在新情况问题出现时能够优化、适应和自我修复。

- 个人安全——通过综合地区传感的信息，在移动的人和设施范围检测威胁数据库和个人背景的情况。

- 以多个设备和来源进行内容管理——你可以在任何时间、任何地

点很容易地在多个平台上传送、协调和管理内容，这些平台包括固定和
移动设备，以及照相机、MP3 和汽车内设等。这包括根据个人偏好定
制的来自最合适网络来源的自动更新。

● 智能购物——给予消费者实时搜索、比较和决策的权利，信息来
源是现有商品或服务的信息。

● 政府服务协调——火警、公安和传染病防治部门能够根据实时的
定位、视频、音频及环境传感信息协调互动。

这些应用大大改变了消费者的生活状况，在工作和生活应用之间不
再有明显的界限。收益是以这些应用对工作和生活这一共同体的整体质
量的影响力来衡量的。不管是有限休闲时间的娱乐价值最大化，还是在
机场候机时能够观看培训视频，或者在快速进入市场时能够实现新商业
计划的目标，未来的狂蜂数字群应用大大改变了无线技术以及工作和生
活的结合方式。

■ 标准匹配

如同 GSM 的早期发展，无线世界知道标准的力量。几个主要的制
定标准的组织，比如 IEEE（美国电气及电子工程师协会）、ETSI（欧
洲电信标准协会）、ITU（国际电信联盟）等共同完成了总的标准网络
图，以确保在全球任何地方都能够享受无处不在的无线体验。过去阻碍
标准发展的政治和竞争问题很容易就能够由以 ITU 为主的治理流程解
决。这一流程涉及无线市场的领先运营商、厂商以及市场代表，不遵守
规则的公司将不被允许参加游戏。现在这些公司可以使用单一终端并连
接到一定范围内的任何网络（包括直接和其他用户连接的网络），使用
感兴趣的功能，并实现用户活动的安全、支付和管理等功能。标准接口
和协议终端自动决定合适的网络接入资源和服务质量，而不管网络为谁
所有，并积极对此活动进行管理。这就对网络的性能和安全的信任度提
出了更高的要求。

■ 低端革命

正如第一章所提及的，世界上富裕人口和贫穷人口之间的差距大大

缩小，这包括经济状况、资源和通信获取能力，发展中国家的进步来自技术潜能的蛙跳式解决方案，能够以较低的成本实现相同或更高的价值。实际上，前面提到的许多狂蜂数字群应用很多来自中国、印度和巴西等发展中国家的市场。这些应用从社会经济问题的解决，比如巨大人口数量的教育、医疗保健和市场进入等，延伸到迫切问题的联动。过去这些相关人群的生活费用人均每天不足 2 美元。

■ 无线社交网络

随着跨界的点对点的通信变得透明，个人和群体的力量比与他们相关联的公司和政府还要强大，大多数人拥有 30 个以上的社交网络，这些社交网络覆盖了各种不同的个人爱好和专业主题。社交网络站点的用户主要是无线用户，他们可以在任何时间、任何地点接入网络。一些大型站点并没有利用这一点提供有用的服务，而是仅用以播放更多的广告。随着新兴站点通过提供使用者感兴趣领域的相应服务占领了这些市场，一些传统站点渐渐失去了原有的客户。许多自组织的平台使用 Web 3.0 开放情景耦合内容平台以获得低端市场。能够抓住顾客兴趣的网络，获得了越来越多的广告收益。同时这些网络不断创新，从而能够为用户提供无线方式的新工具和服务。

■ 无缝的移动性

如同我们在贯穿新兴技术历史中已证明的，当出现统一标准，就会出现飞速的市场增长，这就是 Nature Aligns 的情景。由运营商和管制者建立的看不见的组织用户在给定地点接入已有网络的边界已不复存在。用户设备可以和任何网络进行通信，并处理应用，用户几乎可以在全球任何位置获得相似的网络覆盖和网络性能。特定城市和经济中心的优势地位将不复存在，人们选择的工作和生活场所更能满足实时互动需要，而不是像过去那样仅仅为了获取资源便利。大多数网络提供从几百甚至数千公里范围的广域网到仅有几米范围的局域网，这些运营商和跨运营商网络的无缝互联行为使得统一标准的建立变得容易。对用户来说，无缝移动存在不可见的账号和安全问题，而这些问题可以通过跨服务提供商开设的互联的数据库进行管理。

■ 嵌入式传感器

传感器已无处不在——衣服、家庭、汽车、花园、办公室、教室、工厂、大卖场甚至高尔夫球场，没有一处不存在各种传感器。这些传感可能用于简单的环境测量（温度、湿度和气压），也可能用于复杂的人类活动和行为监控。人们已经习惯了无处不在的传感设备，因为这能够带来更高的信息效率和安全性。人们对无线网络的信任度也更高。

将人自身作为传感器的概念，过去仅出现于军方应用中，而现在这种概念已成为主流，传感器存在于人们携带的各种设备中，甚至可以植入人体，组成人体局域网（BAN）。

■ Z一代主导

Z一代是指 20 世纪 90 年代后出生的一代。Z一代已经成为很多无线领域变革的催化剂。他们随着手中的移动电话成长起来，他们生活中的很大部分——从教育、健康沟通到时间管理、社交活动计划和娱乐体验——都以移动电话为中心。他们大多数活动是通过移动电话组织的——无线社会网络是Z一代沟通的媒介。他们不需要固定电话，不需要电子邮件账户，这对雇用他们的公司来说产生了很大问题。但他们从网络中获得信息的能力以及创造和决断的能力，对任何公司来说都是重要的财富。Z一代现在处于权威的位置，并没有被当作激进分子，而是成为分布式权威的管理者。

■ 分布式权威

Z一代并不是拓展了传统社会和组织边界的唯一一代人（每个消费者和员工只要拥有了无处不在的无线能力，他们自己就成为了一个组织）。过去成为大型组织而带来的既得利益渐渐消失，个人可以通过扩大的无线社交网络在全球范围内访问资源，这比建立大型组织更快、更有效。通过那些精通无线社交网络协调快速启动的"快闪族"的例子可以说明，权威已经彻底分散化了。这迫使公司、非政府组织以及政府开始重新考虑它们的价值主张和长期发展情景。那些采取分布式权威措施的公司，开始关注品牌资产、商业标准、用户体验和创新。这些公司成为价值链中控制多方交易和信息交换的中心，确保了服务质量和用户体验。过去，强势的公司因为控制着商品和服务的流动而获得利益。如今，只有那些无线设备强大的公司才能获得品牌溢价、大量的用户和驱动公司价值的商品信息。那些做不到这一点的公司将成为昨日市场上的遗迹。

■　识别设备

手持设备和其他无线设备因能够感知用户的环境和情况、获取需要的资源和信息、帮助用户制定决策和娱乐，而具有了自己的生命。

顶级设备制造商成为人机设计的世界领导者，持续对人机界面进行改进，并用创新方法最大化"通向大脑的带宽"。实际上，人机界面成为大多数电话的标准，手持设备定制成为每个用户的虚拟电话亭（small probe）。人体工程学的应用使这些设备能够和每个用户相匹配（比如耳朵、脸、嘴和眼睛的位置），并适应用户个人无线通信设备的佩戴习惯（比如内置在衣服中、植入人体中、手持式以及安装式的）。几乎所有设备都能够通过开放式的软件平台对用户所需要的资源和应用需求进行管理。下载、升级、一次性应用、软件搜索代理、安全状态、无线频率配置、协议和标准都可以通过电话的核心软件和强大的中央处理器（CPU）提供。传输和接收多频率无线信号的设备已经出现，该设备同时还支持多类型的无线标准。十年前，这一技术仅能够在实验室中以非常高的单位成本生产。现在，无线部件的摩尔定律使这些零部件和大多数微芯片一样，生产成本都很低。

■　隐私/安全问题

安全和隐私局限于针对个人的小规模攻击，因为安全标准和加密技术使用户警惕，这些攻击很难扩散到更大的群体。用户设备自动得到升级，使用最新的防护软件实时对威胁进行评估，软件代理在网络中持续游荡，寻找那些不正常的欺诈行为的证据。大多数政府成立了无线网络安全部门。该部门有对违反网络法则的行为进行惩处的权威。违反了网络法规的行为不仅包括破坏信息安全，还包括在标准和政策之外滥用无线频率。实际上，很少有频率是私人所拥有的，分布式传感器和运营商网络接入点的反馈能够快速检测用户是否接入了已被使用的频率。无线权利法案出台以保护个人信息不被其他公司和个人滥用。零售商、金融机构、医疗保健服务提供商、教育机构和无线网络运营商都遵守这一最高标准。最近一起大规模破坏隐私的行为发生在 5 年前，发生这一问题的银行已不复存在。

■ 健康/环境问题

处于无线生态环境中的公司与全球领先的其他公司一样，具有保护环境和可持续发展的高标准。随着国家和居民推动公司向更高标准发展，出现了新一波绿色产品和服务。

可佩戴的芯片将无线设备的辐射降低到安全水平。可重复使用的能源（甲烷和氢气）装置将取代被谴责为有害废料的传统锂、镍电池。网状网络仅有现存通信网络结构，甚至通过用户设备来接入或作为中继设备，而不再使用不雅观的无线电话铁塔。

一位消费者的一天

希瑟·曼宁听到一声铃响，有人正通过无线设备呼叫她。铃声是通过植入耳中的设备传递的，耳机与她钱包中的核心无线电识别设备以及一张超薄卡片相连，因此铃声只有她自己能够听到。自从很多年前放弃固定电话以来，她就无须担心别人联系不到自己了，尤其是现在宽带技术的发展使得她可以在任何地点接听到所有的来电。电话是她的朋友安妮打来的，想问一下她和她的儿子杰克是否想要去看当地职业篮球队Skywalkers的比赛。希瑟无须再打电话征求杰克的意见，因为杰克一直都很喜欢篮球。事实上，通过查找有关杰克的信息，希瑟已经确定杰克有时间去看比赛，并且根据他的喜好，希瑟知道杰克肯定也很乐意去。

在安妮和她的儿子布莱恩开车来接希瑟和杰克之前，杰克和布莱恩已经通过他们的智能代理器取得了联系。他们发现他们拥有一些共同的朋友和一些共同的爱好，两个人开始彼此交换他们最喜欢的篮球队员、舞会女伴以及当晚赛事等信息。安妮通过查阅实时更新的交通信息已经确定好了他们的行程路线和备选方案，并在布莱恩的智能设备上下载了一些娱乐游戏放在车后座的智能设备中，以方便两个孩子在开往城镇的路上打发时间。当他们到达比赛现场时，他们的智能设备立即收到了根据他们个人喜好筛选出的有关该城镇特色产品的零售店的具体地址。在他们坐下来准备看比赛后，他们开始了愉快的篮球比赛体验，根据他们个人喜好所定制的有关篮球比赛的实时多媒体信息通过一定的微蜂窝技术和相应设备传到他们所在位置的设备上。通过安置在他们耳蜗中的设备，他们可以很轻松地听到他们所想听到的有关大众和专家对这场比赛的评价。

杰克和布莱恩在回家的路上情不自禁地开始讨论起这场比赛。他们将这场比赛的视频和经典片段通过他们手中的智能设备传递到他们朋友的智能设备中，与他们一起分享这场精彩的比赛。希瑟与前夫进行了一次简短的视频对话，前夫了解到杰克刚刚看了一场篮球比赛，下周一杰克要到自己家来。另外，希瑟的前夫还提醒她不要忘了把杰克最近的一些生活喜好发给他，以方便他调整家里的环境（娱乐、温度、灯光以及计算机配置等）以确保杰克喜欢。安妮患有糖尿病，现在她正通过和其手腕上的监测手链相连接的汽车内部的显示器测量她的血糖浓度。这一信息同时也通过传输设备传送到她的私人医生那里。在回家路上的剩余时间里，四个人开始通过声音、表情以及手指，利用手中的智能设备，与各自的朋友联系在数字群时代的下一周的具体安排。

一位经理人的一天

鲍勃·勒罗伊曾经在医院中经历过这些变化。他所在的医院中最年轻的员工现在正试图变革以前的工作方式。他们目前所使用的无线网络技术，和公司的其他员工相比，已经是最新的了，但是他们想要使他们的工作更灵活、更具创新性的更新的技术。他们利用开放式源代码和认知设备开发了一些糅合（mash-up）工具，以更方便与公司的销售人员、同事、现有的和潜在的客户以及竞争对手的销售代表进行沟通和联系。然后他们还将实时优化他们的路程安排以最大化他们的销售成果。他们通过使用自组织群式的销售模式，而不是传统的串行式的电话销售规划模式，使得他们的销售成绩要好于那些拥有多年销售经验的销售代表。采用这种自组织群式的模式，除了使他们能够打更多推销电话外，还使得他们能够更近距离地接近客户，并根据客户的个性需求设计具体的销售模式。例如，一名年轻的销售代表可以通过医生的定位社交网络设备存储的信息，确定某位医生是在手术进行中、在休假中，还是在办公室出诊，或者已经外出就餐。根据这些信息，该名销售代表可以在适当的时间为客户向该名医生提交申请、发短信询问或者调查相关信息。

对于鲍勃来说，通过应用这种最新的无线技术和应用技术，使得他成为当地销售代表中的精英。通过这项技术，鲍勃和其他销售代表可以不再坐在副驾驶座上监测相关进程，他们可以通过一定的设备实时接收最新消息，包括实际销售结果的多媒体信息、病人反映的意见信息等。由此，鲍勃有更多时间关注市场中其他产品的销售情况、最新的客户偏好以及新兴的市场机遇等。鲍勃通过无线连接进入各个销售代表、其他员工、同事以及零售商的智能设备（这些设备就像分散的传感器），可以获得市场的最新消息。事实上，这些无线设备使得鲍勃可以拥有更多时间，从一个州到另一个州，和妻子在全国各地旅行。如果你能够使你的工作更加灵活、更富弹性，为什么不这么做呢？

情景 B：狂蜂数字群 ▶▶▶

人类的未来是一场教育与灾难的赛跑。

——H. G. 威尔斯（H. G. Wells）

在这一未来的情景中，技术突破也有着黑暗的一面。移动病毒通过开放的无线网络像传染病一样传播，感染了无数的设备。这种科技情景在许多发达地区反复出现，用户隐私持续受到威胁，因为无线黑客盛行，他们利用许多网络途径来入侵用户设备，导致在无线世界中出现了"受保护社区"，作为可信任的交易中介保护用户。恐怖分子经常使用移动设备发动大规模攻击。生物芯片常常被用于设计病原体，比如人工合成版本的感冒病毒。主要的无线标准在不同的国家和地区也不同，4G无线技术知识产权成为公司和国家之间武器装备竞赛的砝码，无线商业过去常常被分析师们所怀疑，现在则已经占据很大的市场份额。安全无线宽带成为面向高端客户提供的服务，因为公共 WiFi 项目已成为不安全技术，并成为非法活动的得意工具和攻击利器，这让原先期待利用这些项目促进经济增长的人们大失所望。人工智能不能实现"以设备为中心"的预言尚不得而知，大量出现的新技术让我们在创新方面无所适从。

下文将描述狂蜂数字群情景的关键变量的输出结果。

■　网络信任

在狂蜂数字群的世界里，技术、标准和政策解决方案不能够解决以上提到的无线网络已出现以及可能出现的问题，坏人利用无线网络的互联性作为传播有害程序和盗取用户重要信息的媒介，这些行为包括：无线病毒的生物式传播，感染并控制设备，在受保护的网络上（政府、金融、医疗等公用设施）进行大规模攻击。政府和标准制定部门不能应用有效防护机制，因此组织和网络提供商不得不自己投资研发保护方案。这使安全和非安全无线网络之间出现了严重的不平衡，促进了运营商和客户之间"付费保护"模式的诞生。

■　技术突破

无线技术和网络领域出现了大量技术进步，但如何整合这些技术并在运营中为用户和组织带来利益却很困难。智能设备、无线宽带速度和覆盖、传感网络方面都有技术进步，但兼容性却因为标准制定组织、政府和技术提供者之间缺乏合作而进展缓慢，许多技术进步不能面向市场。然而，提升网络性能的商业服务大量涌现，专用无线宽带也大量出现。另外，还出现了许多用于秘密和军事方面的专门定制的设备，例如低成本的蜻蜓大小的飞行体传感器，被用于探测毒品走私以及用户高端个人安全监控。在黑市上，无线技术创新非常繁荣，但与消费市场和商业市场相比，黑市上的无线技术并不是亮点，因为其创新不成规模，创新应用和服务仅限于地区市场和封闭用户圈子。

■ 无线网络市场增长

全球无线网络覆盖区域艰难增长，运营情况远远低于 4G 的预期，这其中存在多种因素，包括标准的冲突、设备性能受电池限制和狂蜂数字群应用的缺乏。在手持设备、网络和应用层次，几乎所有的发展都是渐进式的。非理性繁荣使运营商和新进入者为 4G 垫付过高的牌照费用，这使得他们不得不背负巨额损失，市场增长放缓，每年仅增长几个百分点，并没有重新快速上升的迹象。而在发展中国家，市场增长势头相对强劲，这是由过去这些未得到优质服务的巨大群体规模带动的。

■ 经济状况

全球经济由于恐怖主义猖獗、能源价格高涨和政治经济的冲突而陷入低迷，过去被视为经济发展催化剂的无线技术也失去了影响力。无线技术成为一种受可靠性、安全性和成本问题困扰的普通通信媒介。消费者在无线通信支出方面更加审慎，并期望得到更高的投资回报率。结果是，无线网络运营商、设备提供商和应用开发商不得不加强差异化以避免陷入价格战。在高端用户和低端用户之间有着明显的差异：那些能够承担得起顶级智能手机和相关应用的人得到了 4G 的好处——即使只是部分好处，其他很多人仍处于基本 3G 层次的通信联网阶段。

■ 狂蜂数字群应用

第三代无线通信应用总体上没有改变无线技术应用状况。服务提供商放弃了开放式开发平台，因为网络攻击猖獗，使得开放式源代码应用不稳定且容易被有害代码侵入。标新立异的企业家和大胆独立的程序开发者已能够为地方社区和封闭网络开发小规模的应用，但很少有应用能够被推广到大范围的无线市场上。一些地区和社区应用的经验如下：

● 地图——在现有的、准确的地图上快速确定用户的方位，成为主流应用。新定位应用包括便利设施、购物场所和群体追踪等大型数据库。

● 安全/监护——因为有形和无形的威胁，限制了城市、社区、公司甚至个人的安全应用。恐怖主义在发达国家和地区的活动比过去任何时候都更加猖獗，许多富有人群为其家庭私产和公司的安全，使用了高端传感网络和个人"早期预警"系统，这些工具能够对生物病毒和入侵者进行预警。

● 安全/隐私管理——市场上的多种支持软件和服务选择为包括无线客户受恶意攻击及个人信息被非法盗取等多方面问题提供了防护功能。智能设备的处理能力的提升使设备检测潜在威胁的模式变得容易。这阻止了可能的进攻，并可在使用无线网络之前，检测其安全性。安全和隐私是一种高风险、高赌注的游戏，在这个领域，富人和穷人在防御威胁方面得到的服务有很大的差异。

● 人员追踪——对未来无线狂蜂数字群应用的期望是指，很多公司和个人都想知道关键人物的活动和位置。无线设备有着强大的定位能力，但因为前面所提到的涉及隐私问题而应用有限。"老大哥"应用能够快速追踪目标，并精确到一米之内。当设备的追踪功能被关闭时，能发出警示信号。销售人员如果用这一技术来优化对当地市场的销售，就能够提升效率；不利的一面是个人时间和空间受限，处于实时监控之下。

■ 标准匹配

见不得人的策略和丑闻导致大众对一些参与制定 4G 无线技术标准的组织不信任。过去的 GSM 和 CDMA 标准凭借靠山成为强大组织，现在已分裂为许多单个的、拥有自己标准的公司。作为无线标准的主要制定者，美国和欧洲在制定统一的 IP 标准方面难以达成一致，并且分歧不断扩大。同时，印度、中国和巴西等市场上却建立了自己的无线标准，这迫使运营商和设备商冒着高风险早期介入并为每一个特殊市场开发非标准化的产品。由于软件、设备难以跟上数量如此众多的无线标准，FCC 和 ITV 等通信权威组织难以根据多种标准分配无线频段。因为各方利益难以协调，在动态频率分配方面难以取得进展，因此出现了许多信号干扰投诉和频段分配诉讼。因为标准的缺乏、设备的价格和基站的建设，漫游费用成本更高。在高端市场上，全球无线漫游服务使用也相应减少了。

■ 低端革命

标准的分裂和安全的威胁阻碍了高端市场的增长，然而低端市场的基础服务用户数持续增长。在低端市场社区和地区，主要通信需求是语音和短信息服务。在这一细分市场上，因为用户经济状况有限，互操作性、高端终端，甚至通信安全，都不是用户的主要参考指标。因此无线技术在金砖国家和非洲增长势头最猛，在这些地区直拨和共享电话（多个用户共同使用一部电话）的渗透率超过人口的 30%。

■ 无线社交网络

未来，无线社交网络将会发生很大变化，主流社交网络的增长，比如 MySpace 和 Facebook，因人际交往的基本规则和礼节往来经常被破坏而受阻。这导致了网络中的不信任，不负责的行为污染了大家的"井水"，从而导致 MySpace 和 Facebook 这样全球知名网站的用户流失。人们越来越多地转向小型的、更个性化的地区性网站。在这些网站上有着很好的隐私安全保障和清晰的参与规则。这些网站中的部分已经开始向用户收取费用，并提供更好的管理和用户安全保障，如同许多私人乡村俱乐部一样。这些网络在吸收参与者方面有着很大的决定权，这可以清除那些不能向其他成员提供价值或者成为潜在威胁的人。

■ 无缝的移动性

无缝的移动性仍然是可望而不可即的，在信号全面覆盖方面进展很慢。在不同层次的热点以及不同地区和国家的无线网络之间漫游非常困难，因为这些网络属于不同的运营商，运营商没有对无缝信号覆盖进行投资的经济动力，全球经济状况也使得政府不愿意为此买单。"无线共享"曾经是通向全球无线信号覆盖和经济增长之路的象征。但现在，由于低迷的经济、安全漏洞以及其他用户之间越来越多的无线网络对接等问题而难以运转。

■ 嵌入式传感器

在未来的狂蜂数字群应用时代，摩尔定律已经预言传感器的数量将持续增长，米粒般大小的微处理器已经无处不在，但大多数传感器没有相互连接，使得网上智能家居、智能高速公路和快捷式供应链等愿景仍未成为现实。因为各个设备商之间相互竞争，使得统一不同无线标准的解决方案变得非常困难，成功例子仅局限于那些"闭环"传感设备的应用，比如前面所提及的电子包裹和电子追踪，以及个人健康监控和安全/威胁预警系统。

■ Z 一代主导

尽管 Z 一代很新潮，但他们在无线技术的新应用和新设备方面发挥的影响力却很小。当 Z 一代长大成熟并面临充满敌意的无线互联网的现实时，他们对于与新的使用者积极联网并使个人生活透明化的热情不断缩减。他们仅仅成为遵守规则的决策者和工作场所的领导者，而不是他们曾经向往成为的特立独行的先锋。

■ 分布式权威

员工仍然依赖于组织而获得归属感，通过完成工作而获得个体资源保障（包括通信网络）。在狂蜂数字群应用时代，小公司和个人难以企盼这样奢华的保障，然而远程办公和虚拟办公因为超越了现有的组织结构，其发展势头仍然欠佳。随着公司面临的环境风险越来越高，首席信息官（CIO）根据公司的政策和流程控制管理着越来越多的资源，他们的位置比以往更重要了。在组织变得扁平化的同时，组织也通过员工追踪、VPN 网络以及网络限制和应用等手段加强了对员工的监督。在实施改变已有组织的整体政策时，我们需要审慎考虑。

■ 识别设备

手持设备和其他无线设备已经进入"微型超级计算机阶段"，其处理能力甚至超过了人脑，掌上计算机的功能强大到令人难以置信的程度。使用这些设备，你能够安排日程，检查不同网络安全和隐私保护状态，得到群体、个人所处位置的信息，获得交通状况和如何前往目的地的信息，而这些设备将给出实际确定的路线、决策。已有的这些都使得使用者获得更高的生产率和更安全的生活方式，但在软件的无线标准的统一和互操作性方面却进展甚微，因为不同标准制定组织之间难以达成一致，技术提供商（开发设备和相关软件的公司）方面更是如此。互操作性仅限制在数种标准之间，因此移动设备很难在不同网络之间进行切换，一些沮丧的研究人员自己编写软件补丁，以使移动电话和设备能够接入不同的网络，这被称为"phreakly"。但这一做法对于那些在相同标准的网络中获得安全和保障的用户来说，是一种风险很高的解决方案，这也是他们极力避免的。

■ 隐私/安全问题

安全和隐私是政府和商业部门关注的焦点，赞同保护隐私的人对大型无线网络运营商和互联网门户网站进行了猛烈批评，认为这些公司在其各自的领域做得不够好，使用户安全和隐私不断被侵犯。比如在一个案例中，无线网络安全漏洞导致 5 000 万份医疗记录失窃。"拒绝服务"（denial-of-service）攻击出现新形式，成千上万的无线设备被快速传染，恶意代码篡改了这些设备中的决策逻辑。这类攻击会破坏网络安全和供应链运行等各种依赖无线网络的功能。

■ 健康/环境问题

数个与手机及无线网络相关的高致病性的死亡和疾病案例，迅速使整个行业成为焦点。在一起诉讼中，原告的 12 岁女儿被诊断出患了脑癌，科学家们在无线设备、移动电话铁塔信号和癌症之间找到了很强的关联。这对那些在生物技术上投资巨大的运营商与设备制造商来说是个糟糕的消息，用户数的增长因此而陷于停滞。运营商与设备制造商在法律诉讼上花的钱又以提高服务和设备价格的方式转移给用户。每年数以几十亿计的手机电池被废弃成为一个严重的环境问题，有报道称这引起了地下水污染和儿童健康问题。虽然手机供应商对于那些承诺继续使用手机的用户提供个人健康监控服务，但手机对环境的污染和威胁也同样可怕。针对传统无线运营商和制造商面临的问题，新的"环境友好"的无线设备和制造商出现了。

一位消费者的一天

玛格丽特·舒斯特带着 14 岁的女儿娜塔莉走进了金斯顿大厦。她提醒娜塔莉检查一下智能手机上的网络访问和安全设置，因为她们邻居的身份最近被一个未注册网络的手机病毒侵袭了。玛格丽特立刻根据她的购物偏好看了一下零售路径图，该路径图存储在她随身携带的无线装置 Vizcom 的安全文件中，只需额外付费即可查看。娜塔莉被允许进入该功能后，就出现了一个主要的可选路径图，用于在大厦中进行导航，而且它充分考虑到了时间限制（基于一般的商店等候时间）和人群拥挤程度。在她和娜塔莉按照所选的路径在大厦里穿梭之前，玛格丽特迅速地看了一眼"家庭之眼"监控服务器，瞄了一眼她们的宠物，并且确保空调关闭了。娜塔莉则忙于拨弄她的私人信息服务器。大约两年前，她放弃了 Facebook 和即时通讯服务，因为她的个人资料有好几次遭受到入侵的威胁。现在，她使用的是闭路信息服务系统，这是由无线设备服务商提供的。尽管并不是她所有的朋友的手机都开通了这项服务，但是它还是比电子邮件更有效。

玛格丽特和娜塔莉开始轻松地穿梭于大厦内。她们俩都戴着耳塞，开通了屏蔽通信服务，以防有人打来电话，或者需要对某条短信使用语音回复。对脑癌的恐惧仍在持续，因为最近《新英格兰医学杂志》上登载了好几个案例。至少，生活是有趣的，无线是她们生活中的一部分。但是交流的风险似乎每天都在增长。

一位经理人的一天

弗雷德·兰迪整天都在打推销电话。他感到有些怀疑，当今时代他依然会漏掉一些电话。他有两个关键的推销电话被挂断了，这或许会让他损失掉一个季度的奖金。他考虑过更换设备，但是他还没有足够的动力，因为首席信息官刚刚将公司的无线计划转换成"一键式"（one-touch），从而节省成本，保证安全性。弗雷德的公司最近刚刚遭到一个恶意无线病毒的入侵，这个病毒是从一个外部合作伙伴的网络传播到公司安全性最高的数据网络上的。它泄露了关键的顾客和财务信息，使公司损失了数千万美元。因此，新任首席信息官不敢冒任何风险。他会推行一个新的设备协议，以及对于员工来说非常苛刻的无线政策。除了最新移动设备和应用上提供的所有功能之外，他们只能使用除了语音之外的最有限的功能，即使公司无线通信网络的应用已经局限在安全语音和设备连接上了。家庭无线网络连接需要得到公司的允许，一般来说也需要特定的密码来开启公司网络的远程设备。

过去的工作时间是非常灵活的，而现在已经有了一份相当严格的办公室时间表，从而开展一些安全性活动，这些再也不可能在路上轻松完成了。弗雷德的公司最近讨论了有关员工定位的问题，所谓为员工"谋福利"。在一片反对声中，该公司试图在几个分办公室试验这项应用。此外，公司利用几个较大的厂商控制了很多网络服务应用，只需管理安全数据中心即可实现灵活性。由于大多数无线网络的信任度不高，以及互联网的广泛存在，使得当员工有更好的办法来通过无线做一些事情时，组织开展这样的试验是很困难的。弗雷德考虑了向新兴市场扩展业务，因为美国和欧洲市场在工业控制产品上已经处于饱和状态。他担心如果不能立刻扩张市场，这些国家的低端创新最终会发现原来的方法就是最有吸引力的解决方案。但是，如果没有可依赖的无线连接和关键公司产品信息的进入权限，他如何在这些国家推行他的方案呢？弗雷德一头雾水地准备回家去，希望当天晚上能通过私人 VoIP 连接设备与新加坡分支机构的负责人聊一聊。

【深度见解】无线的未来对组织和个人来说，既是机遇，也是威胁。具有洞察力的领导、具有环境适应性的规划以及组织的灵活性，对于组织迎接未来数字群的到来，并获得竞争优势非常重要。

在自然对界情景和狂蜂数字群情景这些差异巨大的环境中，我们可以看到，未来 4G 技术发展可能会出现多种情况。然而，这并不是全部的可能性，不同情景对不同的组织和个人来说，影响也是不同的。

第四章 群效应对个人和公司的影响

> 在未来，善于学习的人将统治世界，而学习者也将发现他们生活在一个前所未有的美好世界中。
>
> ——埃里克·希弗（Eric Hoffer），哲学家

本章讨论了第三章中描述的无线未来对于个人和组织的影响。我们按照地区、行业类别和无线价值链的划分对此进行评价，所列举的例子是相关行业领先公司的案例。从本章我们可以看到价值在何处被创造，在何处被破坏，以及在这一情景当中，哪些公司和人员将成为赢家，哪些将成为出局者。我们将讨论新兴技术和商业模式可能带来的革命性变化。这为那些立志分析未来走向并作出相应决策的公司和人员提供建议，对那些决定生产何种产品和服务、选择无线合伙人的领导者来说都是非常有用的。

上一章所讨论的未来情景包含了多种必须考虑的因素。虽然这些因素之间存在很多共性，但是差异也是非常显著的，尤其是在隐私、信任、网络、服务以及关键人员和组织的行为方面。谁将在无线服务和应用领域取胜？我们接下来将对未来场景进行分析，以得出结论。

图4—1展示了自然对界情景下无线生态系统中相关市场力量的变化情况。

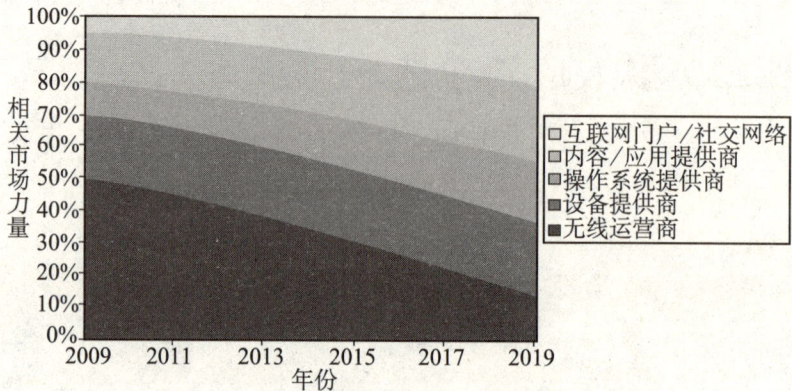

图 4—1　自然对界情景下相关市场力量的变化情况

由于网络运营商转向那些追求时尚应用的用户并试图满足终端用户的需求，使得他们的市场力量不断下降。由于智能设备和"以用户为中心"的网络的出现，传统运营商的竞争力在不断下降，凭借其无线管道获得高额利润的时代已经不复存在。相反，虚拟移动网络运营商（MVNO）因为没有以往旧基础设施带来的负担而取得了很大的发展，并依靠互联网门户和社交网络平台获得了更大的市场力量。

图 4—2 展现了狂蜂数字群情景下无线生态系统中相关市场力量的变化情况。

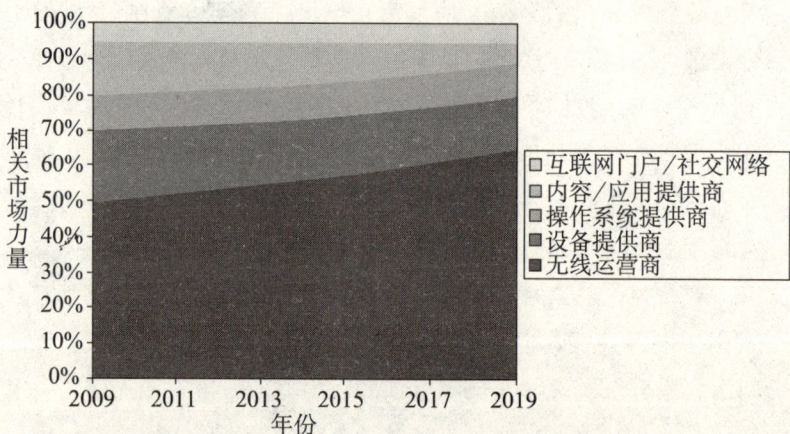

图 4—2　狂蜂数字群情景下相关市场力量的变化情况

由于无线网络服务"社区保护"模型的出现，网络运营商获得了更大的市场权力。应用、内容、操作系统、门户和设备提供商不得不为更安全、更高速的传输通路向运营商支付一定的费用。开放标准和互操作性的缺乏使得这些独立运营商开始选择支撑他们业务的网络并且开始寻求战略上的联盟，从而使终端用户的选择余地越来越小。因此基于未来环境的不同，市场各方获得的利润份额也会有很大不同。

在世界上的不同地区将会发生何种情景？在通信业之外，各个行业将发生何种变化？表4—1比较了几种不同的可能情景。

表4—1　　　　　　　　　　不同地区不同行业的未来情景比较

地区	自然对界情景	狂蜂数字群情景
北美洲	就收入总体而言，北美洲不再是最具吸引力的无线市场，但北美市场的盈利性仍然很高。因为新进入者的影响，该市场具有高度动态性的特点，北美的消费者和零售商成为无线技术商业模式最具创新性和最积极的利用者。	北美洲曾从其缺乏无线技术统一标准的历史中获益。本地网和门户社区标准的建立成为免遭威胁的屏障，美国的一些企业虽然在无线安全软硬件应用研发领域处于领先地位，但由于这类产品的出口受全球贸易整体下降的影响而受限。
拉丁美洲	在巴西、委内瑞拉、秘鲁，自然对界使当地的医疗水平大幅提高。疾病记录和人员隔离的速度更快了，远在乡村的患者也可以通过无线设备得到远程诊断。	贩毒团伙和其他团体通过利用先进技术进行网络防护，并通过在社区建立一定的保障性网络，控制了政府和市场。因为人们依靠政府提供保障，而反对政府的群体很难组织起来，因此政府的权威增强了。这些政府精英阶层开始试图攫取财富并扩大财富差距，从而导致腐败盛行。
欧洲/中东	在整个欧洲，通过移动无线设备使媒体和各种沟通达到更完美的融合。斯堪的纳维亚国家继续不断开发并设计各种平台设备以及建立无线社交应用，其在实验室方面一直保持领先。在迪拜经济区地区，无线技术已经嵌入各种物体，无论身在何处，你都能够体验到适合情景的互动应用。	无线病毒和蠕虫病毒在欧洲快速传播。这引起了对扩大威胁的无线通用标准的重新思考，比如蓝牙。传统运营商为了保障高端客户的利益，提供多层次收费的安全保护。未成年人和低收入市场成为不安全通信的受害者。中东的恐怖主义势力进一步扩大。恐怖分子通过无线技术在各自独立的网络间肆意漫游破坏，这使得人们很难对恐怖分子的活动进行监控。

续前表

地区	自然对界情景	狂蜂数字群情景
亚洲	因为对时尚产品和虚拟娱乐的无限追求，亚洲在小工具、应用技术和服务方面始终处于领先地位。然而，大多数的智能手机和应用却来自西方的研发技术，亚洲供应商需要支付一定的授权费用才能进入这一世界上最大的市场。几乎所有的活动都要通过无线设备和外设进行。在日本，安全的移动电子钱包市场渗透率已经很高，传统的钱包几乎消失了。	因为用户更愿意选择可靠和安全的网络，而不是时尚和有风险的设备，亚洲厂商在无线应用方面，很容易受到打击。一些主要制造商开始尝试提供适应市场要求的服务。信誉使新的厂商在进入这一市场时面临很大的风险。一些国家，比如中国，关闭了某些有风险的接口，并限制本国网络的出口流量。
非洲	非洲受益于规模宏大的自然对界技术的投资。政府稳定性使得该地区成为比中国更便宜的外包地点。因为过去很少有通信设施，所以非洲的通信设施改造可以迅速地使用无线设备。如今非洲开始学习使用无线设备和相应的服务以实施社区为基础的创新。创新领域包括金融服务、零售服务、供应链管理和能源管理等。	非洲成为"受感染"网络的绿地。由在线支付、虚拟市场、远程医疗等领域取得的进步却因为盗窃和个人信息、金融信息的非法使用而不复存在。尽管非洲的市场份额仍可能增长，但目前却只有那些精英阶层才可以接入先进的无线网络。

行业	自然对界情景	狂蜂数字群情景
制造业	工厂和配送中心的全面自动自然对界线技术使智能设备的快速装配成为可能。无线传感设备能够在整体中确定单个产品层次并记录产品位置、货运和仓储等信息。动态、实时的供应链管理成为现实。	在过去的 10 年中，因为没有统一融合的无线标准，使得不同自动化设备有着不同的私有标准，因而工厂和仓库的变化并不大。另外，由于偷窃和盗版的猖獗，使得产品和管理需要通过无线网络进行追踪，但由于这一做法的成本很高，故普及率不高。

续前表

行业	自然对界情景	狂蜂数字群情景
能源	积极的能源监控和管理已经实现自然对界，其中移动电话处于应用的核心位置。消费者和公司相互之间能够进行碳排放交易，将能源使用配额销售给那些更能节约成本的人员和公司。这些交易是通过无线通信设备进行的。	工厂在使用无线技术读取仪表数值以节约成本方面取得了一些进步。但通信技术与能源管理以及信息的整合程度还很低，仅有一些局部的应用。人们可以通过专用网络检查电子眼的监控信息，但不能精确读取电表的数据。因为安全问题，能源公司没有将特殊信息在网络上公布。
医疗	患者能够在任何时间、任何地点以自然对界的方式获取医疗信息。这使疾病防控和管理水平大大提升，并使得对症下药更有效果。无线技术能够通过各种设备和监控节点广泛地连接病人，并向医疗服务人员提供报告信息。	因为无线设备能够连接到其他专用无线网络中，医疗信息维护商和设备提供商遭遇了头痛的问题，生物芯片和植入芯片已成为盗窃患者信息甚至是财务信息的工具。统一无线标准的缺乏限制了全面应用远程医疗解决方案的能力。
金融服务	安全和开放性的金融记录访问平台使得用户能够最优化其个人理财。非传统的金融公司也可以利用创新的无线服务参与竞争。在纽约证券交易所和伦敦证券交易所这样的机构，过去的封闭信息正逐渐向大众投资开放。因为基金结构透明化以及交易记录公开，以个人创立账户为基础的社区基金纷纷涌现。	无线银行和电子钱包的渗透率很低，仅限于大型运营商的内部应用解决方案。顾客还是习惯和取款机打交道。大量的精力和时间不得不被用于追踪金融罪犯和金钱的不正常流动。主要的市场交易不得不关闭，因为其交易系统受到了大规模入侵的威胁（同时包括有线或无线的方式）。因而使得安全软件提供商能够热卖他们的安全监控平台。

续前表

行业	自然对界情景	狂蜂数字群情景
零售商	因为有效的隐私保护标准，自然对界能够提供彻底的定制化广告和购物指导，服务内容包括从食谱建议到附近商场商品价格比较等。双向低成本的无线传感设备的使用使得零售店主基于需求和库存情况动态调整商品定价成为可能。因为大多数人通过无线设备寻找更优惠的价格，使得"砖头加水泥"式的商店成为展示中心。	商品的无线价格标签和商店内的购物建议很有效，但因为隐私安全问题，大规模地提供购物信息与建议还没有被消费者接受。安全环境的隐忧使无线技术零售者的发展受到限制，甚至一些自动分析机器也受到无线攻击，零现金交易至今仍是一个遥不可及的梦想。
媒体/出版	移动虚拟现实功能已经进入自然对界市场，仅虚拟购物、虚拟娱乐这些新兴方式就使得娱乐和游戏成为潮流。艺术品能够使用公共的或私人的标签创造和出版，而无须担心其创造的内容被剽窃。唱片和出版公司渐渐消失，更多新兴公司通过以社区为基础的市场不断提供新的内容。在这类市场上，由听众决定哪个艺术家的作品能摆在货架上。	视频和音乐盗版常常出现，艺术家开始在专用网络上出版作品。在专用网络中，他们作品的使用信息将会被记录，这样他们可以得到更多的版税。而非传统广告比如移动广告，其进展仍然很慢，因此电视仍然是最主要的媒体。同时电子阅读技术的市场渗透率不断增长，但由于下载速度慢，给用户造成了很大的不便。与此同时运营商和大型网站仍是统治者，他们通过为网络用户提供信息安全防护而获利。
专业设备服务	无线知识管理非常有效，远程自然对界应用技术和专业服务成为一种成熟的商业模式。因为无线教育的推广，用户在任何地点都可以接入此系统，年轻的咨询师、律师和会计师在 5 年内就能达到专业的水平。这使组织进一步扁平化，更具竞争力。	专业咨询公司仍以传统商业模式为主流，因为大多数工作可以通过虚拟的方式完成。客户不希望公司以外的人接入网络，无线应用的部署可以在小范围内进行（比如销售部门和工厂车间）。一些更先进的公司因使用无线定位技术对员工进行追踪而受到谴责。

续前表

行业	自然对界情景	狂蜂数字群情景
航空/国防	因为全球居民在和平和社会自然对界方面的努力以及无线网络的"双眼"监视，使得恐怖主义活动渐渐减少。同时，传统的军火供应商将其传感和模拟技术用于面向商业和消费的应用，对网络应用提出更高的要求。	无线技术的军事应用远远高于商业应用，因为对于典型消费市场来说，先进技术的应用，比如昆虫大小的传感器与安全实时接入的移动网络，成本一般都太高。因此，即使无线技术已经广泛应用于战争，但办公室和家庭的应用仍要考虑控制费用。
政府	政府经常搜集无线社交网络或"快闪族"网站上的公众意见，这些意见包括：立法、选举投票和竞选活动等。政府通过标准化的无线定位解决方案协调各方进行紧急指挥以及救灾活动。智能高速公路、交通管理和交通系统已经出现，低成本分布式的无线传感器到处都是。政府和公众对公共信息了如指掌，在二者之间保持了信息的力量平衡。	政府在部署大规模城市 WiFi 项目失败之后推出了无线商业领域的应用，尽管隐私、安全问题频发，政府仍回避责任，将问题交给行业解决，这使得那些能够和不能够支付网络安全费用的人之间形成了鸿沟。大多数政府活动仍然通过人和人之间的接触进行，因为缺乏信任，虚拟政府难以成为现实。随着国内外恐怖活动的威胁增加，网络安全监控仍是需要优先解决的问题。许多学校禁止教室里使用无线设备以避免内部网络受到攻击。

　　尽管狂蜂数字群看起来使经济受到了限制，但实际上这种情景却带来了机遇。成功者将是那些利用这些机遇并建立成功应用模式的人。

　　【深度见解】在未来可能发生的这些情景中，存在一些可以把握的机遇，组织必须决定哪些应该坚持，哪些应该改变，从而在数字群时代的机遇中获得最大化的收益。

　　这些情景带来了机遇，机遇随着行业和地域的不同而不同。组织面临多种选择，必须根据未来可能发生的情景，选择适合不同情景和行业的应对策略。适用于全球所有行业的公司的通用战略是存在的。我们将在下一章中详细讨论这些成功的战略选择。

第五章　成功的组织:战略
和选择

未来的人主要有三种类型:随波逐流的人,主动应变的人,以及死
到临头仍不知悔改的人。

——小约翰·M·理查德森(John M. Richardson,Jr.)

正当我们讨论未来将是何种情形时,我们已经被其改变了。本章描
述公司在新的无线世界中要获得成功而必须采取的战略。因为我们对未
来环境会是什么样并不明确,我们可以假设未来可能的不同情景以及为
未来可能发生的环境制定界限。我们的目的并不是要"完全正确",而
是"大体正确",以避免"精确错误"。本章探讨如何应用未来的情景开
发商业战略,以利用数字群时代带来的机遇,获得竞争优势、核心竞争
力和成功战略。

核心战略和权变战略

无论未来发生什么,组织若要获得成功都必须制定核心战略,即那
些适用于所有未来场景的战略,以及权变战略,即那些适用于特定场景
的战略。图5—1说明了这一概念。

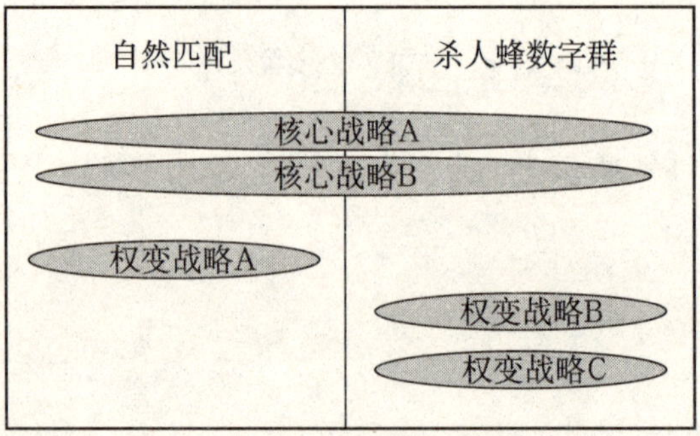

图 5—1 不同情景下的核心战略和权变战略

【深度见解】无论未来是什么情景，你的无线战略应是适用于所有场景的核心战略和适用于特定场景的权变战略的组合。

公司对于核心战略应设置较高的优先权，因为这种战略可以在任何情景中获益。在权变战略方面，则可以采用逐步推进的方式，当特定的未来情景出现时，再增加投资。

在线零售商战略实例

假设你是一个全球运营的无线零售商，你面临不确定的无线技术未来，无线技术对你公司的影响也是不确定的。你应该采用何种战略以在未来不同的市场环境中获胜？

对于北美、欧洲这样的成熟市场来说，在自然对界情景下，你应该大规模地部署电子钱包和移动广告。这可以使人们的工作和生活越来越融洽，在这种生活—工作连续统一体中获得更好的购物体验。由于许多虚拟现实用户的人机界面、无线设备和技术的飞速进步，"砖头加水泥"商店带来的身临其境的体验不再是独特的，也不再如过去那样具有吸引力。确保已有商品都可以虚拟地展示，这对提高商品销量来说是关键。"现实挖掘"（reality mining）技术能够在大量的非相关信息中寻找那些合适的信息并向关键顾客推荐。现实挖掘可以更好地跨行业连接和分析顾客行为，有些数据可以通过无线网络获得。全面理解挖掘信息比拥有网络更为关键和重要。

对于亚洲、拉丁美洲、非洲这样的新兴市场来说，在自然对界的情况下，同时拥有基本功能（言语自然对界）应用和基于高级别设备的应用的公司将获得竞争优势。这些公司采用以社区为基础的商业模式。在业务终端，利用非洲和拉丁美洲作为低成本制造基地的公司将获得优势。这些公司有着很强的制造和分销能力。分布式的医疗服务、金融服务和低额度贷款、虚拟市场/零售业应用、远程医疗服务等形式将在市场上有广阔的发展空间并获得很好的回报。因为这些地区的买主和卖主之间的交易往来，很难在较远的地方实现。在未来狂蜂数字群情景的成熟市场中，仍必须采取聚焦于培养顾客信任的市场和运营战略。考虑到在这种不稳定情况下，顾客在网络和现实世界两者之中都在寻找安全的天堂，你也许需要向顾客提供数据缺失的财务保障和保证。在网络世界中，他们相信品牌服务提供商和个人数据安全的专用网络。如果你不能向顾客提供并管理这样的无线技术和 Web 基础设施，就不可能与知名品牌服务商并驾齐驱。这样做成本当然很高，但要获得成功，就必须使你的电子商务站点有安全保障。人们将舒适的零售店作为对不安全环境的"低成本的逃避"，他们也不像对待娱乐那样愿意保持更远的距离。这就意味着，拥有一个"砖头加水泥"的展示功能，不管是自有，还是募资的，都非常关键，人们可以用此作为消费的窗口。随着技术的持续进步，特别是智能无线设备的进步，安全的引导服务有着很大的需求空间。顾客利用这些服务，一方面可以获得及时的购物建议（价格、商品性能比较、营养信息、库存信息等，这些建议可根据顾客在卖场中所处位置提供）；另一方面，移动设备可以告诉顾客，考虑到价格和在卖场中浪费时间的因素，在线购买是否更经济和省时。

在新兴市场中，在狂蜂数字群的未来情景下，在线零售业务将很快凋零。因为经济状况不景气，能够负担得起奢侈的无线购物服务的高端市场实际上并不存在。高端顾客一般在由大型服务商提供商业保障的专有网络上购物。在中低经济市场上的个人，因为担心个人数据被盗取而不断更换私人账户。这意味着你在细分顾客和目标市场的同时，需要考虑更多的因素。具有支付能力的顾客将会使用安全的ID卡，通过专用网络接入，即使他们更换手机，ID号码也不必更换，网络仍可通过ID号码识别他们。这意味着大型网络服务提供商的重要性将下降，因为它们不再是顾客唯一可选择的门户。低端顾客不得不以打游击战的方式获得网络安全，因此顾客购买行为的实现仍然通过无线设备进行，但商业模式已发生了很大的改变。社区层次的支付方式和通过大型网络提供商的网络支付方式将会并存，在支付确认前，商品将被运送。地区性的无线运营商因为提供安全的专用网络而可以收取高额的交易费用。

以上是我们基于未来环境和顾客群体细分，为你所在的在线零售公司所提供的建议。下面是我们推荐的适用于已有未来情景和顾客群细分的核心战略。

● 应用基于无线设备的智能供应链。在已有的商品中都嵌入无线设备，以实现在单品的层次上优化库存，这需要通过专用网络接入并确保安全的数据库管理。

● 面向地区的广告和有针对性的商品供应。这需要在卖场的层次上制定决策，在狂蜂数字群情景下还要考虑隐私和安全措施。

● 基于地区需求特点和环境特点的动态定价。低成本的双向定价使卖场库存管理更有效。地区需求信息能够被快速地记录，并应用于在线商店和实体商店中。

● 共同开发技术和分担风险。设备提供商和网络运营商共同为未来的技术开发变革作好准备。

● 开发以用户为中心的在线商店。建立一个能够实现客户互动、下载新的展示/虚拟现实应用、测试购物安全性和提供反馈的在线商店。

化学产品公司战略案例

假设你是一家经营化学产品的跨国公司的总裁，你的公司正面临高度不确定的无线未来。你需要在公司经营的不同市场中考虑采用不同的战略。

在自然对界的情景下，对于北美、欧洲这样的成熟市场，因为行业中已经存在许多类似的成功商业实践，你需要找到通过无线技术实现差异化的路径。一个机遇就是将销售队伍建设成为互联的、高度柔性化的组织。你优先考虑的目标是利用专业化知识设计更好地满足顾客需求的战略，这包括产品和定价决策，根据销售人员和顾客的位置和状态向其发送短信息。这些信息是由无线传感器传送的，你可以根据这些信息制定匹配的解决方案。尽管有很多网络服务能够支持这一过程，但中央机构根据仓库和以实付决策为目的的分析扮演着核心角色。顾客可以通过无线应用迅速比较包含不同成分的药品的优缺点，这些药品是使用虚拟现实技术进行快速合成的。因为安全和效率的原因，化学药品公司需要对商品及其成分贴上智能价格标签，这对它们在成熟市场上竞争非常重要。在供应链监控领域，这类互动式标签能够帮助提升运营效率。通过对智能标签产生的信息进行挖掘，能够得到在药品生产、库存和分销阶段的深度信息。为了有效利用这类新的智能供应链技术，你应该建立高度柔性化的而非机械式的制造和分销中心。随着研发外包（从公司外部获得新知识）成为公司研发组合的不可缺少的一部分，这些从生产到销售的各个环节的流程将通过特别的改造和升级，无线技术将成为推动不同地点、不同领域的科学家、工程师和产品开发者互动的发动机。例如，不同地点生产楼层的工程师能够进行头脑风暴和传送产品开发草图，他们可以超越实体的制造中心，通过工厂自动化模拟软件，和地球另一端的工程师就可能的解决方案进行沟通。

在自然对界情景下的新兴市场上，快速搜集市场参与者的信息并监控他们的动向非常重要。这些参与者包括法律法规制定者、供应商、顾客、竞争对手和新进入者。如果你有效地利用无所不在的无线网络，合作伙伴、供应商都可以成为你的传感器，帮助你更快地搜索新的信息。在公共信息很难获得或者所获得的信息不够准确的地区更是如此。在经济快速增长的新兴市场上，面向化学产品的应用层出不穷。法律法规和环境标准的变化也几乎同样快速，这就需要你对产品生产方式再三考虑，非洲已经成为化学工业最大的外包生产基地，但在非洲的不同地区，商业规则和政策也有很大区别，如何处理好这一问题是一个很大的挑战。其中，市场联盟是关键，无线技术是帮助做到这一点并获取竞争优势的关键所在。

在狂蜂数字群的未来情景中，你必须高度警惕市场中的安全风险。你需要在解决实际问题所利用的智能技术的所在地区的层次上作出决策。各个地区、市场有着很大的差异。挑战在于，这些地区的网络之间并非是无线互联的，因此你必须能够接入安全的专用网络进行传送信息，这需要在网络接入和加密技术上进行大量的投资。此外在新兴市场上，生产和分销渠道的安全问题也是一个重要的考虑因素。对低成本的监控解决方案的需求量很大，无线和 IP 视频能够在这一设施周围布置分布式的"电子眼"，并实时对视频文件进行分析，从而当异常情况发生时，能够向相关人员的移动设备发送报警信息。在化学危险或生物攻击发生的情况下，监控网络和员工的移动设备能够检测并报告危险水平。产品放置成为你所在公司所面临的主要问题。无线标签有助于在不同的检查点验证产品成分及其真实性，无线传感器可以使检查点的分布更具灵活性。最后，因为 2G 技术和 3G 技术在新兴市场上仍然很盛行，你必须采取与之匹配的通信方式。你需要针对性地开发面向顾客和市场的无线解决方案。这些解决方案也许仅仅需要语音和短信息，而不需要多媒体来实现虚拟现实功能。除了这些适用于以上特点的区域市场状况的战略之外，你还需要考虑在所有未来可能发生的情景及细分市场上都适用的战略。

● 使用无线网络搜集情报，包括顾客、合作伙伴、员工、供应商和第三方的信息，以快速感知市场状况的变化。

● 为销售人员授权，使销售人员能够获得市场情报，获得来自其他竞争者的最新信息和实时定价/产品决策。

● 利用无线技术帮助工厂和分销中心灵活地布局。这些产品生产和分销流程可以灵活地调整，以提升效率，并适应新的市场环境。

● 向员工提供无线工具以提升生产率，这使员工能通过无线设备获得丰富的媒体培训和指导材料、标准化表格、顾客基本资料和技术支持信息，这些信息可以在任何时候进行远程更新。

无线成功的共同要素 ▶▶▶

如我们前面所描述的在线零售商和化学产品公司那样，所有组织都有各自独特的核心和权变战略。这些战略是基于组织的行业环境和无线技术应用环境、地域特点以及商业模式所制定的。然而对于在 4G 潮流中获得成功的组织来说，都必须具备某些共同的能力，基于我们对不同情景、行业和地域的成功创新者所进行的分析，我们识别了 10 个共同的成功要素：

● 熟悉/了解无线技术——有很高比例的员工有着最新的无线设备并使用了最新的无线服务。

● 无线宽带接入——员工可以通过无线宽带的使用实现工作应用。

● 无线创新——有很高比例的新产品和服务是通过无线技术作为实现工具或传递媒介的。

● 组织权威——组织中的决策权是集中层级式的还是分散式的（点对点）。

● 无线生态系统——通过无线网络相互连接、沟通，分析员工、顾客、合作伙伴和供应商的总体比例。

● 无线技术——无线技术和应用更新换代的速度。

● 无线内容——内容提供商向顾客提供的无线体验的百分比。

● 无线互联——在无线网络和组织的其他网络之间能否无缝连接。

● 无线合作——通过无线技术设备使用短信息、即时通讯、博客和文本等工具进行沟通的员工人数。

● 无线社交网络——员工通过无线技术接入社交网络，以实现工作之外的高层次目标（建立关系、网络、身份等）。

接下来，我们将对每一种成功要素进行详细讨论，并提供一个典型的组织案例。

■ 精通/了解无线技术

在很了解或很精通无线技术的组织中，大多数员工能够使用最新的无线服务和设备。组织还能够使用先进的无线技术提升个人效率。这些组织确保其员工被无线技术武装起来以获得竞争优势。这包括网络、智能终端、外设等设备，3G、WiFi 和蓝牙等无线服务，并向 4G 未来过渡。美国陆军特种部队就是一个精通无线技术的组织，其活动都通过无线技术实现互联，多名士兵都能够使用多种无线电甚至商用的无线技术

（比如黑莓）完成任务。

■　无线宽带接入

和低速的宽带相比，高速无线宽带促成了多种新型的无线应用，这使企业可以更好地被武装起来。这些应用包括移动视频会议、多媒体内容展示、产品展示、决策支持应用的文本编辑和设计工具，以及企业平台等。美国第七大公立学校系统佛罗里达公立学校系统就是能够实现如此水平的无线应用的组织之一。最近，佛罗里达公立学校系统在其 234个校园安装了无线宽带，共 5 500 个接入点，连接了超过40 000台桌面电脑和终端。这使学校的运转更加经济高效，并为学生和教师带来了超级的、全新的学习和教学体验。

■　无线创新

使用无线创新平台能够带来巨大的机遇，但目前还很少有公司这样做。使用新兴的 4G 无线技术能够驱动更多的创新。这包括通过无线网络寻找新的产品和服务的研发机会；使用无线技术获得顾客对新产品的青睐；支持精确化目标营销及新产品和新服务的营销。Ember 公司建立了强大的无线传感器网络，作为能源管理的解决方案，并安置了 Zigbee等标准实现无线信号自动传送。使用无线技术将建筑大楼里的多种装置（电器、仪表、暖通空调、控制器）互联起来以提高能源使用效率、智能化程度和决策水平，这一市场前景非常广阔。

■　组织权威

组织越来越扁平化和分权化，使无线技术应用功能能够带来更大的收益。扁平化组织的成员可以很容易地连接到许多网络上（企业网络、供应商网络、顾客网络、专业网络、个人网络等）。人们能够利用这些网络上的智能和知识以及环境信息进行实时决策。如果组织有着森严的层级结构，接入这些网络的权限受限，也就很难获得正确决策所要的丰富信息。谷歌就是一个很好的扁平化组织的例子。谷歌的员工在工作日的大部分时间里可以选择自己感兴趣的工作项目，这些项目包括谷歌的无线电话（GPhone）和开放式无线操作系统（Android），团队成员通过谷歌的无线网络协作并交流创新思想。

■ 无线生态系统

当多个组织通过无线技术协调相互之间的行动以实现互利的目标时，就形成了无线生态系统。互联可以在不同类型的网络和设备间实现，也可以是基于同一标准的网络。衡量无线生态系统价值的一个重要标准是生态系统中各方信息和商业价值的互利互换。华盛顿大学是无线生态系统的先驱。该大学通过将无线射频识别设备嵌入设备和人的衣物中，建立了无线生态系统，这使得对社会背景中使用无线技术的互动和行为模式的挖掘成为可能。像沃尔玛这样的零售商和美国国防部这样的机构强制要求其合作伙伴和供应商使用其无线标准，以提升供应链连接和智能程度。

■ 无线技术

对于许多企业来说，技术平台改变通常意味着很大的风险，特别是那些大企业，更换平台的成本非常高。为了避免这一风险，许多企业在面向顾客的无线解决方案的每个接入点上投资 5 000 美元~7 000 美元。这些解决方案是根据顾客需求设计的，如果平台缺乏竞争力则会造成非常可怕的后果，因为新的竞争对手就会凭借成本更低的下一代网络技术解决方案获得优势。随着无线技术的标准化，使用商用解决方案的风险更小，当无线技术可以实现远程控制或者很容易更新时更是如此。

联邦快递就是使用基于先进的无线平台的新业务应用解决方案获得竞争优势的一个例子。这些应用既包括面向客户的，也包括面向运营的。联邦快递从自有平台转向更注重商业应用的无线解决方案，这样做大大减少了网络/基础设施建设的投入。

■ 无线内容

对于许多公司来说，将其商品内容以更丰富的格式通过无线设备向顾客传递是一个挑战，特别是对于那些传统内容提供商来说更是如此。通过无线终端观看视频、阅读书籍或和其他人交谈的感觉都不真实，然而一些公司已经将无线多媒体顾客体验提高到了一个全新层次。亚马逊公司的 Kindle 电子阅读器就是用无线设备复制传统阅读体验的一个例子。Kindle 使用电子墨水（E-ink）技术使顾客感觉他们就像在阅读真实的报纸或书籍，文字、油墨和页面都与印刷品无异。顾客随时可以通过无线宽带网络进入亚马逊的电子图书馆。苹果则是另一家实现了使顾客听音乐和看视频的体验"无处不在"的公司，其网站内容可以通过无线网络进行更新。

■　无线互联

为了实现无处不在的宽带通信和互联性，无线网络需要和其他网络对接，并且保证网络之间的切换不影响顾客体验。一些 4G 解决方案能够实现这一点。然而，现有网络平台做不到这一点，比如那些基于 2G、3G、WiFi、蓝牙等标准的平台，甚至无绳电话和固话网络也做不到。作为固定移动融合（FMC）努力的一部分，某些运营商提供一些专用终端，这类终端可以在数种无线和有线网络之间进行切换，从成本或质量角度根据用户的位置信息找出最优的网络并接入。福特汽车公司以及米高梅幻影酒店（MGM Mirage Hotel）就是通过固定移动融合技术实现并提升员工之间互联性的两家公司。

■　无线合作

公司应用无线技术通过提升大规模人群之间的协作，可以获得很好的市场机会。我们已经看到，像 Myspace 和 Facebook 这样的社交网络平台已将无线技术作为主要的互动方式。通过这些平台，用户可以很容易地根据共同利益产生互动并组织起来。我们在第一章中提到，"快闪族"使用基本的移动短信息推翻菲律宾政府。但无线技术的应用也有黑暗的一面，这包括：毒贩使用伪装的移动电话管理毒品供应链；"基地"组织使用加密的无线设备协调恐怖活动等。使用无线技术搜集大众意见方面最好的例子可能是《美国偶像》节目，该节目通过短信息的方式收集数千万人次的观众投票。另一个例子是英国曼联队的主场，在该球场中，成千上万的球迷可以通过手机获取多种服务和信息，包括镜头重放、商品和食品订购，以及最近的休息室和小卖店的信息等。大规模协作技术使组织从传统的双向（一对一）通信模型转变为多向（一对多甚至多对多）通信模型。

■ 无线社交网络

如前所述，无线技术已成为非营利组织和人道主义者的主要通信工具。鼓励员工承担社会责任的公司能够在高满意度和高工作投入的员工身上获得更多的回报。接入互联网络的员工也能够更好地接触新市场、新地区和新顾客群体。非营利组织也可以使用无线技术作为其主要的互联平台。

● 解救肯尼亚大象。在肯尼亚，无线技术被用于追踪大象群体的位置，并将这一信息传递给支持者和捐赠者。

● 根据无线技术建立绿色行动计划。可以向支持者发送短信息（比如种植树木和反对立法）。

● 使用无线网络与危险人群进行沟通（无线反恐斗争），并传送教育信息和提供咨询。

【深度见解】无线因素使组织的各个方面发生了巨大的变化，从技术运营模型到组织结构和文化。组织必须理解这一点，并为数字群时代的到来做好准备。

评估需求和准备：WiQ ▶▶▶

预测 4G 技术和数字群时代的技术如何影响我们的工作和生活非常困难，无论未来是何种情景，公司快速适应变化都非常重要。我们前面所讨论的在数字群时代取得成功所需要具备的成功要素仅仅是基础。组织在这些因素中所能达到的结果和水平被称为无线智商（Wireless IQ，

WiQ)。在不同的行业和不同的市场环境下，组织也许需要不同的 WiQ 以最大化无线价值并创造机会。

● 市场方面的无线革命——无线技术、网络、应用的进步对你的市场和顾客可能产生影响（新进入者、新产品/服务、新的细分市场）。

● 业务运营方面的无线革命——无线技术、网络、应用的进步对你现有的商业运营模式可能产生影响（生产率、交易成本、循环时间、发展历程）。

● 组织的无线潜能——利用无线技术提升你所在公司的总体绩效（创新、增长和效率）。

● 员工要求——员工需要在业务活动中使用无线技术以获得更大的工作自由度。

最近一项对 50 位高管的调查显示，组织所需要的 WiQ 和实际具备的 WiQ 之间有很大的差距。接受调查的高管来自不同行业的不同规模的公司。图 5—2 显示了受调查者对其所在组织所有的 WiQ 特征进行评分的平均结果，间隔采用 1～7 分量表，其中 7 分代表世界级水平，4 分代表中等水平，1 分代表最低水平。

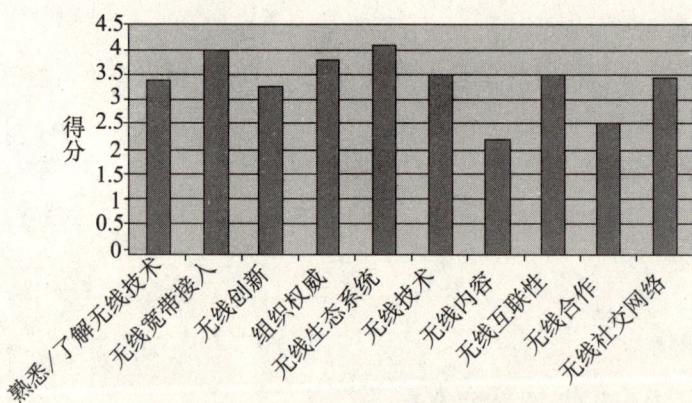

图 5—2　WiQ 评分（高管调研结果）

从总体上来说，高管们认为他们的组织在主要的 WiQ 维度上水平较低。无线宽带接入和无线生态系统是每个群体得分最高的维度，这说明大多数公司已经在这方面做出了努力。无线内容和无线合作是每个群体得分最低的维度，这说明组织在无线技术应用方面仍存在盲点，需要尽力弥补。

图 5—3 显示了上述高管对组织所需要的 WiQ 的问题评价。问题采用了 1～7 分量表，7 分代表极度需要，1 分代表不需要。

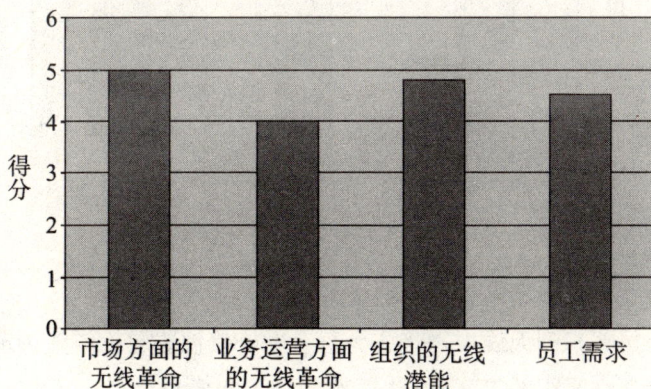

得
分

图 5—3　WiQ 需求（高管调研结果）

在所有维度上，WiQ 的需求都非常重要。在市场方面的无线革命和组织的无线潜能这两个维度的需求得分最高。在市场方面，无线革命就像一场"猫和老鼠"的游戏，只有装备更好的公司才能够保持竞争力。业务运营方面的无线革命得分较低，这说明许多组织者存在一个盲点，他们认为无线技术主要用于公司围墙之外。员工需求这一维度的评分也较高，员工在工作场所和家庭都可以自由使用无线设备和服务，这也要求公司进行很大的政策调整以适应变革的压力。

另外，针对公司的高管们，我们还设计了如何与无线技术保持同步这样的问题。组织对无线技术的整体需求，对无线技术的准备程度和对无线技术的发展预期的评分，如图 5—4 所示。从图中可以看出，无线技术的发展预期比组织的准备程度高 25%。

换句话说，在组织的现有 WiQ 与未来获得成功所需要的 WiQ 之间还有很大差距。本书附录 A 显示了有关 WiQ 的详细调查结果。那些现有 WiQ 高于需求的组织被归类为"无线创新者"。那些在现有 WiQ 和实际需求之间存在巨大差距的组织被归类为"无线落后者"。基于上述对高管的调研，大多数组织属于第二类。

【深度见解】大多数组织在 WiQ 需求和 WiQ 现实状况之间存在很

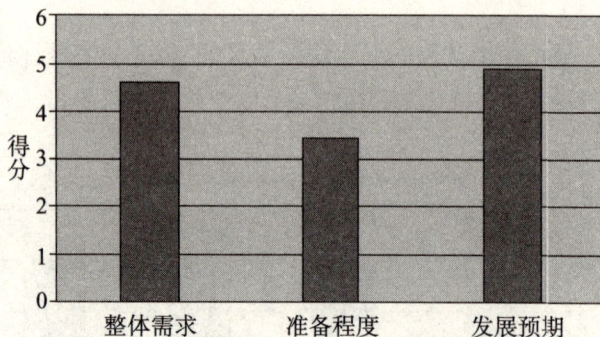

图 5—4 组织对无线技术的需求和维度程度

大的差距。组织面临着弥补这些差距的巨大挑战和机遇。

当公司意识到无线技术将成为行业中价值创造和价值毁灭的关键平台之后，建立组织的 WiQ 评估框架就显得非常重要。行业领导者需要在无线互联性方面快速行动，以使无线技术全面渗透于企业的各类活动甚至企业文化中。但组织如何使用 WiQ 作为制定未来战略的工具呢？

深入分析 WiQ ▶▶▶

理解和评估组织 WiQ 的一种有效方式是使用蛛网图表，如图 5—5 所示。外圈代表各个维度的最佳水平，中圈代表在你所处行业中未来要获得成功所需要的水平。组织不仅需要考虑行业中的现有竞争对手，还需要考虑那些被无线技术很好地武装起来的潜在进入者对市场的影响。推出便携式媒体战略的公司就是一个很好的例子。当一家公司能够建立一个无线网络，使用户能够经济且方便地在家里、汽车上、办公室中以及户外下载、播放音乐，这家公司就能够很容易地打乱现有汽车广播、卫星广播和家庭媒体播放器市场。

内圈代表你公司的现状。当现状和目标水平差距很大时，组织就需要决定首先投入哪种资源以消除哪一个维度的差距。在某些维度上，投资可以迅速见效而且投资额也比较小，而在另一些维度上则需大量投资并需要组织进行变革。在图 5—5 中，组织在数个 WiQ 维度上与理想状态还有很大差距，但这些可以逐步解决。例如分布式决策除了需要流程变革，还需要组织行为和文化方面的重大变革，因此实施分布式决策以使用无线新技术就需要更长的周期。在创新这一维度上，新技术应用的试验和研发更能快速见效。对组织 WiQ 的投资要分阶段实施，并考虑到组织对变革的接受程度。

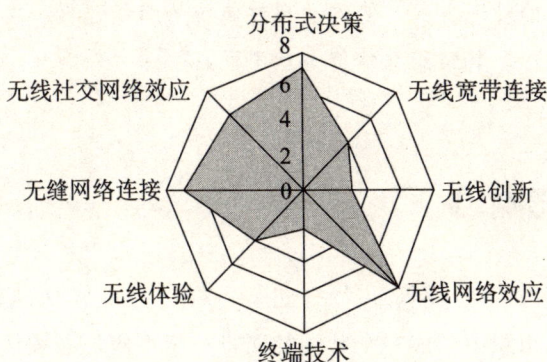

图5—5　WiQ 差距的蛛网图表

最重要的两个 WiQ 维度（也许同时是最难实现的）是分布式决策和无线网络效应。通过分析这两个关键维度，组织能够快速评估 WiQ，如图 5—6 所示。

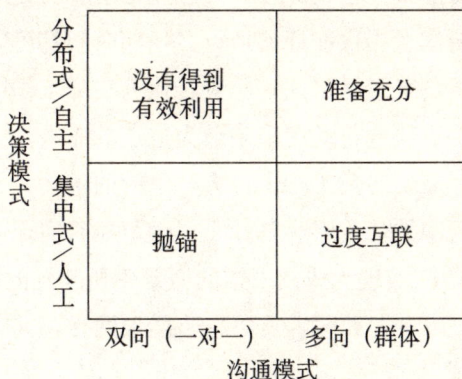

图5—6　快速评估组织的 WiQ

使用双向沟通模式和集中式/人工决策模式的组织被称为"抛锚"，这种组织缺乏利用先进无线技术进行组织变革的柔性。那些使用双向沟通模式但采用分布式/自主决策的组织，决策者没有获得有效的情报。

在员工、供应商和顾客之间都通过无线媒介进行群体沟通，同时又有着层级式的决策结构的组织，存在"过度互联"的情况。最后，那些真正部署了由互联的个人组成的无线生态系统的组织有着高度的适应性，并且 WiQ 也最高，这些组织有着分布式/自主决策的组织结构。

【深度见解】为数字群时代做好准备，就意味着组织必须放弃以控制和命令为主的管理方式，使沟通超越传统的组织边界。在未来，拥有这种理念的组织，其组织结构将全然不同。

对组织的影响 ▶▶▶▶

如同组织中其他任何重大的变革一样，为了成功地转变组织的 WiQ，必须在组织中形成一个共同的愿景。组织成员必须认识到在组织中形成一个共同愿景的必要性，必须认识到变革需要组织的哪些内部能力及可操作的行动步骤。组织的共同愿景必须基于对未来机遇和组织能力所进行的实事求是的评价，这样才能够作出正确的决策。假设你的公司是一个拥有庞大数字内容的出版公司，你相信在未来，电子阅读将成为图书消费的主要形式。公司的领导者必须形成有关无线图书馆这方面的愿景，即能够向读者提供在任何地点、任何时间都可以获取任何书籍的服务。关键在于员工怎样将这一愿景转化为实际工作中的切实可行的行动。比竞争对手更快地行动起来是最为迫切的需求。为了在组织中建立一种紧迫感，你需要向员工指出过去竞争中的案例，并说明如果不抢在竞争对手之前行动的代价将会是什么。变革能否实现取决于大家实现愿景的决心。WiQ 在实现无线图书馆的愿景中所起到的作用如下：

● 无线宽带——员工和顾客需要高速接入网络，并在下载图书时尽量少地遇到时间延迟。

●无线创新——能够快速围绕无线图书建立新的应用，获得竞争优势。

● 终端技术——建立一个将移动的电子阅读终端互联起来的生态系统是成功的关键。这个系统还包括员工的移动设备。

● 无缝网络连接——电子阅读设备能够在网络间实现无缝切换，以保证读者能够在任何地方阅读图书。

● 无线社交网络效应——这对于在员工和读者之间外包、开发、出版和共享新的图书内容非常必要。

组织必须能够理解如何在这些领域达到理想的状态。例如，出版公司也许需要雇用一些终端技术人员增加其出版团队的能力，并使用新社交网络平台在不同的开发阶段共享图书内容。另外，变革的文化障碍也出现了。要实现真正成功的变革，必须扫除这些障碍。最后，必须落实到可行动的步骤，并使公司以渐进式的方式达到变革的目的。例如，一个可行性步骤是在互动图书馆的网络界面中设置一个小的导航条，引导读者阅读感兴趣的内容。

现在，你对组织在数字群时代应当具备哪些能力已经有了很好的了解。下一章将说明，如何密切观察无线领域和你所在行业的动向，以判断未来可能发生的情景，比如自然对界情景和狂蜂数字群情景。下一章还将讨论不同地区的自然对界情景，分析哪一个 WiQ 维度对于组织来说最重要，以及在不同的细分市场和情景中如何制定权变战略。

第六章 监控早期变革信号
并快速行动

> 成功的关键在于快速确定哪些信号是相关的，并深入分析，过滤噪音，提供可以抓住的机遇或者找到那些不利的信号，防止其突变成大问题。
>
> ——乔治·戴和保罗·休梅克（George Day & Paul Schoemaker）

你需要关注无线技术领域的哪些变化？哪些信号是重要的？你可能会忽视何种信号？许多组织过于关注今天取得的成功，而忽略了行业的变化。这些变化可能会导致新行业的价值创造和毁灭性的革命性变革。如我们在上一章中已讨论的，数字群技术有着改变传统市场格局的巨大潜力。数字群可以改变员工、顾客及其他利益相关者的互动和决策方式，互动和决策方式的改变将使商品和服务的设计、制造、测试、分销、使用和维修的方式发生变化。那些最快看到这些变化的公司，能够调整自己的战略以获得新机遇，并利用数字群技术在市场上获胜。

图6—1显示了环境扫描和监控如何建立有效的无线生态系统、进行无线创新，以及反馈公司行为。

这个循环的关键在于监控和试验的联系。试验包括创新、产品全面推广和反馈。无线技术本身提供了一个很好的学习平台。通过这个平台，你能够快速下载并体验新的无线应用。消费者对应用的感知也可以

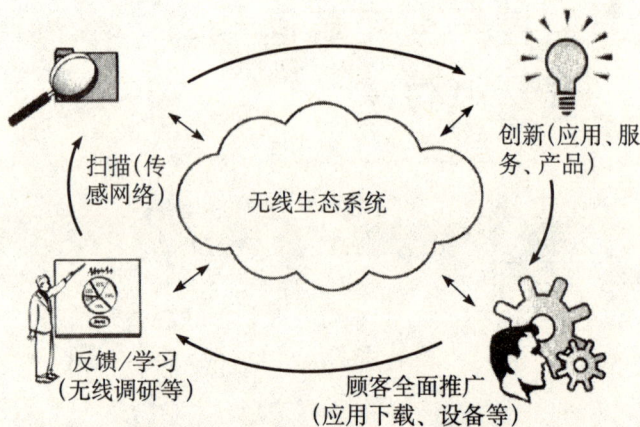

图 6—1　建立无线生态系统的关键活动

通过短信息快速收集，这样做的成本很低。在高度不确定的市场上（比如 4G 的产品和服务市场），因为市场的动态性，大量的小额投资比少量的大额投资更适合。通过少量投资的试验，可以快速判断哪些投资应当扩大、保持不变或者终止，以及环境的变化趋势将会如何。和有价值的信息相比，这类投资和获得市场的机会是很经济的。当一个市场机遇被证明值得投资之后，可以将这方面的数项投资整合起来，并扩大规模。这种方法被称为实质选择（real option）或嵌入式选择（embedded option）。下面我们将专门描述嵌入式选择在把握公司无线创新机遇中的一个应用实例。在和监控同时应用时，嵌入式选择能够成为在高度不确定环境中管理风险和抓住机遇的有力工具。

嵌入式选择实践

一个消费产品公司决定投资于一项有着诊断功能的无线新产品，该产品能够通过消费者住所附近的任一无线网络将产品信息传送到互联网上。该公司相信这将使服务和维修成本下降一半，但实现这一目的需要冒很大风险。下面是该公司识别的几项主要风险：

● 技术风险——使产品芯片能够具备产品诊断功能并将传感器收集到的信息通过无线网络传送。这需要先进的软件控制的无线技术。

● 性能风险——如果产品处于无线信号微弱或受限的地方，无线诊断就无法工作。

●用户接受程度——用户也许不需要产品制造商在未经许可的情况下接入他们的无线网络。用户也可能启动网络安全功能，阻止第三方随意接入网络。

●员工接受程度——这一技术可能会取代人的维修和服务，使员工对技术产生抗拒情绪。

在公司所有产品和现有的服务和维修部门投资该技术的花费仅为200万美元。如果新的无线诊断解决方案获得成功，公司每年能够节省150万美元，则这个项目产生的净现值（NPV）为330万美元。如果该项目失败，公司将损失200万美元，因为该技术面临的环境和商业流程高度不确定，公司对项目获得成功的概率估计为30%，也就是期望净现值为−41万美元。

图6—2显示了该项目的投资和可能的产出。

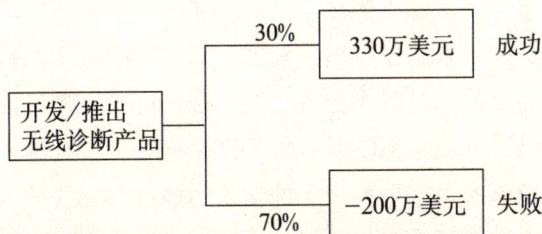

NPV=30%×330万美元+70%×(−200万美元)=−41万美元

图6—2 无线服务与维修项目的投资案例（嵌入式选择）

有效管理风险的一个办法是使用阶段性的嵌入式选择的方法，步骤如下：

1. 对技术的可行性和员工已接受程度进行调研；

2. 在一条产品线上对该技术进行小规模试验；

3. 在一个区域和产品组合范围试行诊断解决方案；

4. 在已有区域和产品组合范围全面推广该解决方案。

图6—3显示了每一阶段的投资需求和可能的产出情况。

通过采用嵌入式选择的方法，将项目分解为数个阶段，每个阶段的信息不断增加，NPV也从负数变为正数。这样做增加了项目成功的概率。从中可以看出，嵌入式选择的方法不仅能够使实施高风险项目具有

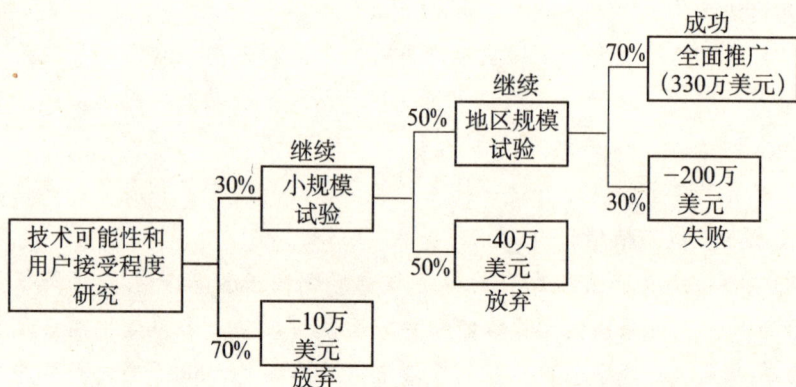

NPV=70%×（−10万美元）+30%×{50%×（−40万美元）+50%×[30%×（−200万美元）+70%×300万美元]}=12.7万美元

图6—3 无线服务与维修项目的投资实例（嵌入式选择）

灵活性，也可以转化为真实的收益。在投资高风险的数字群技术时，嵌入式选择方法能够用于风险管理，是一种规避风险的有效工具。应用这一方法，你的公司可以抓住机遇有利的一面，而规避不利的一面。

为了获得足够的信息以作出成功利用数字群技术机遇的决策，组织必须建立环境监控和扫描系统以获得外部环境中的关键信号，并对这些信号进行分析以判断未来可能发生的情景。通过对无线技术的未来发展趋势进行更深入的分析，组织能够决定何时投资于高回报的机遇，同时规避各种潜在风险。

【深度见解】嵌入式选择和外部前瞻性检测系统为管理高度不确定性的机遇提供了一个有力的框架，数字群就是这样一种机遇。

第三章识别了对无线技术未来发展趋势有重要影响的因素，现在我们需要识别在项目进程中需要监控哪些外部环境信号，这可以帮助我们判断多种未来情景（自然对界和狂蜂数字群）中，哪一种情景的元素正在出现。

表6—1描述了这些变量的潜在信号及其来源。

变量	信号	来源
网络信任	有关网络设备、威胁、无线互联网使用情况	安全部门、安全软件公司、无线网络运营商

表6—1 影响无线未来变量的潜在信号及其来源

续前表

变量	信号	来源
技术突破	技术投资、产品推广、专利申请、系统/设备能力	风险投资者、技术型公司、研发报告、USPTO（美国专利与商标局）、CTIA（美国无线通信和互联网协会）
无线服务市场增长	无线服务用户与本地用户使用情况	市场研究、CTIA、ITU、无线分析师
经济状况	GDP、消费支出、通货膨胀、无线技术投资	商务部、世界银行、分析师
狂蜂数字群应用	新无线应用发布、无线应用开发资源、应用类型、无线服务使用情况	网络运营商、CTIA、无线分析师
标准制定	竞争性标准的数量、支持新无线标准的公司数量、无线标准的渗透率	CTIA、ITU、标准制定组织、无线分析师
低端革命	无线设备成本、无线服务成本、新进入者数量	网络运营商价格、设备制造商价格
无线社交网络	使用无线社交网络的用户数量	网络使用统计数据、无线平台
无缝的移动性	互联网络数量、无线网络的掉线情况	无线技术标准团体、网络运营商的统计数据
嵌入式传感	互联无线传感器的数量、无线传感网络的数量	Zigbee联盟、传感公司
Z一代主导	Z一代无线服务使用情况、新Z一代无线服务数量	CTIA、无线市场研究、社交网络站点、博客
分布式权威	公司平均层级数量	人力资源和组织开发相结合
识别设备	市场上有着识别功能的智能设备的数量，在识别技术上的投资	无线技术期刊、网络设备提供商、产品目录、分析师
健康/环境问题	医疗期刊中相关主题的文章数量/关于无线技术和健康问题的报道和法律诉讼	医疗期刊、媒体报道、法律过程

　　来自数字群技术的许多主导性指标和"弱信号"有着推动伟大变革的潜在可能。忽视这些信号就可能忽视正在发生的改变。除了在情景分析中常出现的变量之外，组织还需要探索一些其他和数字群相关的有着

革命性潜能的变化领域。这可以确保组织不会忽视外部环境中重要的趋势，比如技术、商业模式或法律法规的变化。组织正是通过无线技术延伸的网络作为收集这些信息的最佳平台之一，可以延伸到 C 群体——技术提供商、渠道伙伴甚至融资市场。下面的案例描述了出版公司应该积极探索信号源，寻找未来可能行业和商业模式的无线信号分布。

搜寻信号源：出版公司案例

出版商通常不被认为是技术的先驱，然而在数字群时代，受影响最大的行业之一就是出版业，如同互联网已经对报纸和杂志产生了负面影响，4G 无线技术也可能使出版业进入一个全新的发展方向。我们今天已经看到，新的商业模式已经出现，比如 Kindle 可以通过无线连接和一个终端供你下载并阅读任何一本书，使你得到全新的阅读体验。当我们进入数字群时代，出版业也出现了完全不同的景象，用户不仅可以阅读，还能够通过放大的信号（AR）进行创作。提升用户体验的内容有多种来源，文字，甚至语音翻译都可以自动完成。

让我们假设你是一家大型出版公司 PubCo 的总裁，你正在思考数字群与未来将如何影响你的公司，你应该考虑如下问题：

- 在数字群时代将出现何种新的出版业商业模式？
- 如何盈利？收益来自内容还是服务？利润如何分配？
- 如何对新内容进行评价？
- 设备技术的变化如何影响阅读体验？
- 隐私和安全如何影响人们的参与意愿？
- 数字群是否将成为内容的协作开发者？
- 4G 技术将使出版业的商业流程产生哪些重大变化？

基于这些问题可能出现的情景和数字群时代的不确定性可能对 PubCo 公司的业务产生的影响，公司应谨慎地建立环境监测系统，以对可能产生重大影响的环境因素进行监测。通过这些做法，公司不仅可以避免传统业务的流失，还能够通过创新的方法在市场上获得竞争优势。PubCo 公司发现印度出版商将已有的内容向移动用户提供下载，仅收取很少的费用。已有的媒体形式可以用于提升客户体验、教育、培训以及基本消费。这意味着原有的受版权保护的内容现在可以由你的用户在任何地方进行修改,这种完全不同的商业模式意味着内容在上市后被"修改"带来的价值远大于原来的价值。在某种环境信号变得越来越显著、传统图书销售量不断下滑的情况下,PubCo 公司可以选择为无线用户提供可供修改的内容,并过渡到和作者利益共享的模式。

技术环境变化的信号:服装公司案例

服装公司过去习惯于寻找并跟随下一个流行时尚,不管是最畅销的运动鞋,还是最流行的衬衫颜色,抑或最酷的牛仔商标。这些信息大多来自市场调研,锐步公司就用"酷猎手"在酒吧、俱乐部和其他社交场合观察流行趋势。随着无线技术和服装生产结合得越来越紧密,这种来自"草根的智慧",对服装公司和无线设备提供商来说是很重要的。今天我们已经有了带 iPod 的运动鞋和具备健康诊断功能的手表。在数字群时代到来之时,这些趋势能够走多远?

假设你是一家大型服装公司 ApCo 公司的总裁,正在思考数字群的未来将会如何影响公司的发展。你可能会提出以下问题:

● 在数字群时代,服装业将会采用何种商业模式?

● 如何盈利?是通过服装生产技术还是服务?利润如何分配?

● 未来的服装设计如何进行?靠技术还是依赖于设计师?

● 服装定价方式如何改变?改变的结果是否可以为消费者带来好处?

● 数字群是否促进服装业变得"智能化",能否和其他的外界无线设备进行互动?

● 4G 技术将使服装业的商业流程产生哪些重大变化?

根据这些问题和可能的答案,数字群的不确定性可能会对 ApCo 公司业务带来很大影响。在 ApCo 公司案例中,公司建立起环境监测系统,根据环境中的信号变化判断哪些因素将会发生重大变化。ApCo 公司观测到另一服装制造商向顾客提供了一种"智能衬衫",这种智能衬衫可以根据搜集的温度数据自动调整衬衫的保暖降温功能。购买这种智能衬衫的新用户将可以得到免费的数据服务。这种衬衫具有不限流量的联网功能,许多用户就是因为衬衫具备的低价消息服务功能才进行购买。当市场趋势变得明确以后，ApCo 公司也决定推出自己的智能衬衫。在衬衫中应用无线技术为顾客提供便利。一个功能就是通过衬衫中的人体指标传感器搜集数据，为用户提供健康建议。

本章讨论的仅仅是数字群时代，组织可能选择对环境进行监测以制定获胜战略的数个例子。在建立无线监测系统时应考虑以下因素：

● 领导方式——公司领导必须挑战现状并探索新兴无线技术可能带来的影响和新的商业模式可能对现有模式的冲击。他们必须学会承担风险，并在试验中探索未来的无线技术情景可能带来的新机遇。

● 流程——你是否拥有能够系统性地从员工、合作伙伴和其他来源搜集情报并解释的流程，并根据这些情报不断调整，针对 4G 生态系统发展趋势作出改变。流程必须同时考虑公司内的人员和公司外的人员，因为后者可能有不被感情左右的客观视角。

● 系统——公司信息系统能否收集数字群技术最新的资料，并传输给作决策的人，以使其能够作出正确决策？能否将数字群对组织现在和将来的影响以客观的方式展现出来？

● 文化——公司文化能否支持公司边界内外销售、市场、研发部门进行协作和信息共享，以更清晰地判断无线领域变化模式？是否有合适的激励方案？

如果没有以上的基础条件，开发面向 4G 技术的动态监测系统和环境扫描系统，并根据变化信号采取行动是很难成功的。

【深度见解】组织要有效地感知并适应数字群技术的变化。领导方式、流程、系统和文化必须相匹配，这样公司才能抓住新的机遇，立于不败之地。

下一章我们将详细描述公司可以利用数字群技术获取竞争优势的一些创新机遇。

第七章 狂蜂数字群应用

The
New World of
Wireless

猜中投手打算怎么投就成功了 80％，剩下的 20％ 不过是执行而已。

——汉克·阿伦（Hank Aaron）

我们知道，数字群在棒球方面的应用将使我们大吃一惊。但是我们也需要足够多次地挥杆，才能击中或打出全垒打。那么，数字群具体会给我们带来哪些创新机遇，从而使我们的组织可以成功挥杆或明智下注呢？本章会讲述一些具体的创新机遇，或狂蜂数字群应用，帮助新手们做好准备。我们即将讨论的应用包括：

- 面向驾驶员的前瞻性应用；
- 环境敏感型的零售；
- 组织行为追踪；
- 全覆盖医疗解决方案。

本章将讨论现有的挑战、狂蜂数字群应用程序和这些潜在创新机遇对商业的影响。

面向驾驶员的前瞻性应用 ▶▶▶▶ ⋯⋯⋯⋯⋯⋯⋯⋯⋯⋯⋯⋯⋯⋯⋯⋯⋯⋯

■　挑战

很多人每天驾车去工作，在美国有 90％的人开车上下班，超过 80％的货物通过汽车运输，运输业占据了能源消费总量的 30％，并排放了美国 33％的温室气体。随着新兴市场的人口不断增长及其生活水平的不断提升，运输业的能源消耗和温室气体排放将成为全球性危机。公共运输业离高效率还相差很远，特别是在美国。美国的公路效率低下，平均每位驾驶员每年要在堵车上浪费 62 个小时，这不但造成了不必要的资源浪费，也产生了更多温室气体，由此带来的生产率低下造成的损失达 1 000 亿美元。既然我们如此依赖汽车运输，在未来几十年，我们如何利用数字群技术大幅提升汽车运输系统的整体效率？

■　狂蜂数字群应用

将 4G 的几个特征——无线宽带全覆盖、网状网络、定位服务和识别设备——结合起来能够开发出一种新的具有实时背景分析和决策功能的交通系统。车辆可以通过实时系统将路况信息通过网状网络传送到中央数据库和处理中心。这些信息为用户提供更新的路况信息，用户可以使用智能设备作出路线安排最优决策。图 7—1 显示了面向驾驶员的前瞻性应用。

每一辆汽车都作为网络中的一个传感器和节点，这样就可以使昂贵的固定基础设施最小化，甚至根本不需要驾驶员，可以使用智能设备根据其他车辆（节点）的邻近程度，选择最优的信息传输网络（3G、WiMAX、WiFi、蓝牙）及时传送一定的信息量。因为计算过程可能很复杂，智能设备能够将一些计算通过无线网络传送到中央处理中心或网络计算资源处进行处理。这种前瞻性应用的智能化系统能够使驾驶员作出更好的路线决策，从而大大降低道路拥堵状况。

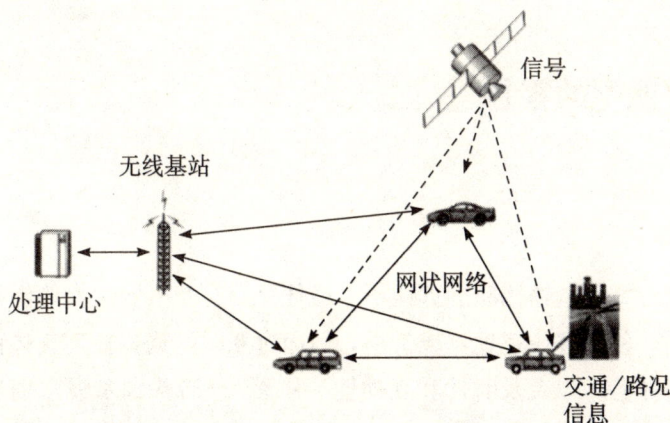

图7—1　面向驾驶员的前瞻性应用

■ 商业影响

面向驾驶员的前瞻性应用解决方案对商业产生的影响主要有两个方面：一方面是对道路运输因素的影响，这包括人员上下班和公路物资运输。在这方面，解决方案能够节约能源和减少温室气体排放量。在汽车上安装智能设备和传感器的公司获得了很大的竞争优势，甚至可以使用网络中的丰富数据为公司优化运营时间和员工队伍，以提升生产率，降低能源消耗和环境影响。在商业模式方面，尚不清楚这一类型的系统是由供应商单方面提供，还是由地区或者联邦政府统一管理。实施这一类解决方案，不同于传统的业务模型，像 IBM、诺基亚和思科等设备和技术提供商，也许需要支持其他公司为其生产的多种设备。像威讯、沃达丰和日本电信电话公司这样的网络运营商将需要支持不同用户间的网状网络，而他们目前还不能从这类网络获益。而像微软、谷歌和全球著名 GPS 导航地图提供商 Navteq 公司这样的应用系统提供商则需要能够处理用户信息的基础传感器，并为运营商提供无线网络，但目前他们还不具备这一能力。新的竞争者是否会进入这一市场？或者我们上面提及的设备提供商、运营商和软件商是否会改变现有商业模式以提供这类有价值服务？我们需要密切关注该领域的发展。

环境敏感型的零售 》》》》 ⋯⋯⋯⋯⋯⋯⋯⋯⋯⋯⋯⋯⋯⋯⋯⋯⋯

■ 挑战

今天的顾客购物体验远远谈不上最佳。尽管互联网购物能够提供快速和便利，使顾客快速地比较价格，但通过互联网购物缺乏实体商店提供的亲身体验，以及及时性和互动性。然而，"砖头加水泥"商店也有其局限性，比如更浪费时间，需要消耗汽油，在不同商店间比较商品和价格更困难。商店的售货员也很难记住你的偏好，即使你多次光顾也需要告诉售货员你需要什么，或需要你自己去寻找。即使在互联网上，现有的"用户记录"引擎功能也不完善，仅能记录你的历史活动，提供不同站点的浏览历史记录。

显然，无论是"砖头加水泥"商店还是网上购物带来的顾客体验都不是最优的。从一家商店到另一家商店，或在大卖场中盲目寻找，以及去不熟悉的场所寻找一件物品（比如度假时）等生活经历都是日常生活中最令人沮丧的体验。

■ 狂蜂数字群应用

环境敏感型的零售以及 4G 技术的使用为购物者提供了电子商务的便利，同时还能为顾客提供符合他们需求的商场购物体验。解决方案是利用定位服务、全覆盖宽带接入、智能设备以及社交网络为顾客建立一种真实的个性化的购物体验。

图 7—2 显示了这种在零售商店和卖场层次之间建立网状网络的解决方案。用户智能手机、购物卡和商品展示货架是互联的，支持相互间的直接通信。用户还可以通过本地无线接入点接入范围更大的中转网络。在商品中应用双向智能标签，消费者和商店可以随时查询这些标签。消费者可以通过 GPS 提供其所在的位置信息，然后利用位置信息将商品价格和本地区任何同类商品进行比较。此外，消费者还能够观看

商品销售视频，实时分析并作出决策。如果只是需要买一块面包，这可能不必要，但对购买液晶电视来说显然合适。其他好处还包括，向消费者提供根据他们所处的商店方位所制定的个性化的购买建议和信息，因为商店可以知道并分析消费者的所处位置和购物偏好的信息。

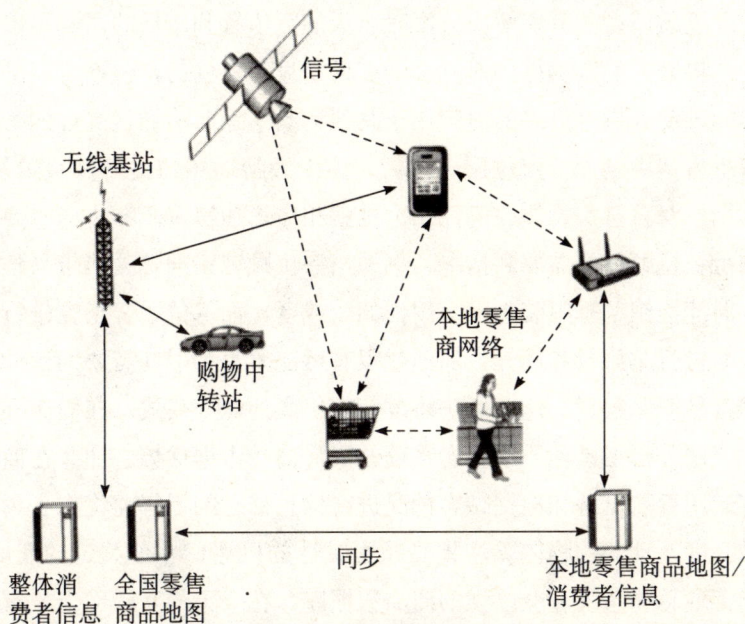

图 7—2 环境敏感型的零售解决方案

即使消费者在移动中（运动、驾驶、骑车），网络也可以向他们推荐网上购物和商店购物的信息。这些信息将根据他们的位置和购物偏好不断更新。例如，假设智能设备知道你上回试用过的高尔夫运动用品，但未下订单，它就可能向你推荐商店展示视频和当时离你最近的购物中心信息。假设你去出差或度假，你的智能设备还会向你推荐周边和你兴趣最相近的高尔夫俱乐部。当然，在线购物能够提供的商品比较和价格比较也不在话下。改用无线技术，还能够快速地向社交网络中的朋友咨询商品选择建议。

有些环境敏感型的零售解决方案还能考虑用户的生活方式，包括知道用户是否最近被诊断出患上糖尿病，这样可以确保系统提供不含糖食品的购买建议。系统在用户靠近对自己可能有害的商品时也能发出警告。由此可见，应用 4G 技术对提升顾客的购物体验的潜力有多么大。

■ 商业影响

环境敏感型的零售解决方案对今天的竞争者和市场的影响可能是巨大的。提升人们购物体验对社会的好处是显而易见的，包括可以降低环境影响，使人们有更多的时间用于其他活动（除非购物就是你的爱好）。在解决方案中增加了定位服务之后，能大大帮助用户提升其决策能力，这样用户对自身购物体验的控制力也就相应增加很多。零售商需要实时得知每一位顾客的需要和情况，例如当一位顾客正准备去热带岛屿度假时，向他推销冬季服装是没有用处的。或者比如一位顾客正在进行为期多日的自行车旅行和观光，那他就很有可能愿意为了其需要的运动服和营养食品慷慨解囊。这一做法将改变零售商的业务模式。在商店和供应链中应用分析工具和无线生态系统的零售商将占据优势。那些在商品中没有应用智能设备和根据顾客情况进行信息推送的零售商将失去为顾客提升高度互动的购物体验和提高顾客黏性的机遇。一个关键的问题是，谁来管理总体系统和全国性的商品数据库？在今天的互联网上，有研究商品的比较引擎，但如果不能包含实体商店中的商品和价格，这些引擎就不能算完备。另外，谁来管理顾客信息？大型互联网络和电子商务公司毫无疑问处于弱势地位。消费者可以通过社交网络建立购物论坛从而增加对自己购物过程的控制，这是另一个需要密切关注的领域。

新无线应用如何诞生？

无线终端设备和个人计算机有着很大的不同，它们的屏幕更小、键盘更小，并且没有鼠标的外设。无线终端种类多，功能多，差异大，比如是否有过程控制，是否有定位功能，屏幕分辨率高低，以及是否有多种操作系统（在个人计算机操作系统市场上微软占据绝对优势，但没有一家公司在移动操作系统市场上占据 30% 以上的份额）。结果是，开发一种能够在多种终端市场上运行的应用非常困难。

采用"胖"客户端应用还是"瘦"客户端应用是一个需要考虑的问

题。在"胖"客户端上，大多数处理任务在终端服务器上运行；而在"瘦"客户端上，大多数处理任务在远程服务器上运行。"胖"客户端对于有着很强处理能力和更大内存容量的智能手机或掌上电脑来说很合适。"胖"客户端开发环境的选择包括 Windows Mobile、Java ME（Mobile Environment）塞班（Symbian）和奔迈（Palm）等。客户关系管理系统（CRM）则适用于"瘦"客户端，用浏览器通过无线方式连接客户服务器。"瘦"客户端开发环境包括无线应用协议（WAP）、超文本链接语言（HTML）和网络服务（Web Service）等。"瘦"客户端适用于不需要大量数据处理任务的情况。如果你所在的组织决定开发一种新的无线应用，需要考虑以下内容：

1. 定义应用必须支撑的业务流程；

2. 定义支持这一流程的无线应用需求；

3. 定义开发功能需求，包括使用案例；

4. 定义应用所需数据；

5. 多目标无线终端开发界面；

6. 开发应用流程图；

7. 选择最能满足需求的应用架构。

随着面向 iPhone 和黑莓手机的软件开发工具包（SDK）以及面向谷歌的安桌移动操作系统的应用程序接口（API）的出现，无线应用可以由许多公司和个人协作开发。移动应用服务也开始出现，单个应用可以运行在多个不同的操作系统上，这与企业 IT（Information Technology）系统的服务器功能类似。随着 4G 识别设备的出现，新无线生态系统不断发展，这些系统可以包括背景信息，并能够通过几乎任何网络接入。

组织行为追踪 ▶▶▶ ⋯⋯⋯⋯⋯⋯⋯⋯⋯⋯⋯⋯⋯⋯

■ 挑战

过去，组织很难追踪工作中的一项新措施或变革的有效性。由于组织的多层级性特点，大多数组织信息很难向上传递，包括新的业务或运营策略、流程变革以及人事变革的有效性等。组织的层级性特点决定了个人绩效和员工之间的互动情况是通过直线模式由下而上层层上报的。当这些信息传送到高层管理者那里时，该公司或者业务部门已经错过了调整的最佳时期。

■ 狂蜂数字群应用

通过应用 4G 技术定位和网状网络功能，以及使用行为数据控制技术，组织行为可以被更有效地追踪。这样可以使领导者的决策更具主动性，率先采取措施或推行变革。组织行为追踪解决方案有以下主要功能：

● GPS 为基础的定位功能，记录个人和工作群体在一天中的活动；

● 具有网状网络功能的联网系统，使点对点通信、信息传递和协作成为可能；

● 行为数据库，追踪并记录员工的互动行为和协作模式，包括这类行为的生产率和频率等。

整体解决方案见图 7—3。

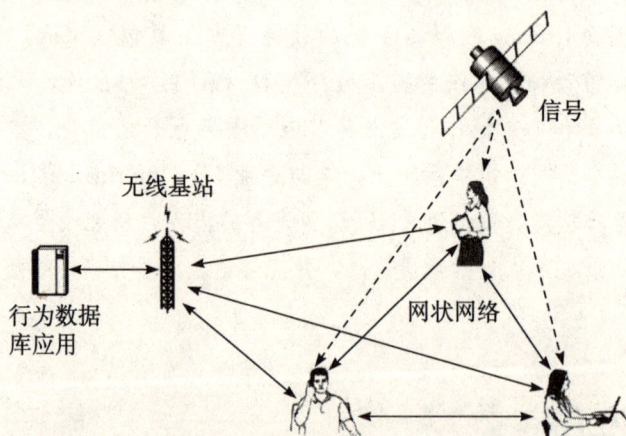

图 7—3 组织行为追踪解决方案

这一方式使经理们能够基于社会网络分析创建一幅高水平地图，以展示项目执行的成与败。一个应用实例是，一家公司将小型群体作为细分市场并为其提供产品，在制定营销方案时，这家公司可以使用组织行为追踪解决方案监控销售队伍有没有到达小企业所处地理位置，销售人员是集体共享还是单个控制信息。这可以说明销售人员有没有和小企业的领导进行充分的沟通，以推广公司产品。通过这一方法还可以控制销售人员的目标地区以及向小企业推广产品的渗透率。

■ 商业影响

组织行为追踪解决方案的潜在商业影响力可能很大，利用这一应用将导致多种变化。第一种变化是，员工因为可以很及时、准确地看到个人绩效评价，从而更愿意将个人信息透明化。我们在前面提到，Z一代正在向其他人分享一些个人基本信息，因为他们相信这样做可以获得更高层次的收益。这种变化已经发生了。然而，对于年纪稍大一些的员工来说，在提供个人位置信息的同时能够保护个人隐私的功能很重要（例如，某人何时去哪里看病或者去观看体育比赛，就不应当让系统去做记录）。随着这种情况越来越多地出现，工作和生活越来越多地融合，向无线技术提出了很大的挑战。但这一技术的回报也是显著的，整体团队效率将更高，并可以逐步消除前进的障碍，将低绩效者从团队中剔除也变得更容易。从理论上来说，这使高绩效者的工作满意度更高，并能为公司带来新的竞争优势。第二种变化是生产方式的变化，因为采用了新的应用技术，公司新方案就可以快速地进行试验，并实时判断其是否有效。组织运转失灵的市场就能够快速地被识别并进行处理。采用这一策略，公司更具创新性。关键问题在于，由谁来负责系统的运转，是公司本身还是外部服务提供商？是以软件的形式还是以服务的形式，抑或是二者兼具的方式？这能否为公司带来持续竞争优势，或者仅仅能提高公司行动的效率？最后，采用这一解决方案的公司将承担何种法律责任？该系统是否成为"电子侦探"？员工的硬盘和移动终端是否成为数据控制的目标？组织行为追踪应用解决方案触及了隐私和利益的权衡取舍这个核心问题，它作为 4G 的革命性应用，应该受到密切关注。

全覆盖医疗 ▶▶▶ ··

■ 挑战

今天，医疗服务效率不高，许多患者必须经过很远的路程才能获得哪怕是最常见的诊疗服务。在许多情况下，医生也常常需要远距离出诊。因为人们低估了初期症状的严重程度而耽误了就诊时间，病人因得不到及时救治而有可能导致严重后果甚至死亡。最后，慢性病也成为医疗成本的很大组成部分。2008 年，美国有超过 700 万人患有糖尿病，20 多万人因为心脑血管疾病和中风造成的医疗成本高达 4 500 亿美元。积极的诊疗能够在疾病变得严重之前，大大减少医疗成本，特别是住院治疗的成本。那么使用数字群技术如何使现有慢性病监测和管理模型获得大幅提升呢？

■ 狂蜂数字群应用

患者将佩戴监测设备（手表、手链、项链、戒指），这些设备中有内置的传感器（测量血压、血糖、心率）以及无线传输芯片，能够将信息传递到患者的移动设备。另外，心率监测器、神经传感器以及人工关节等内置设备能够将测量的数据传输到可佩戴的传感器或移动设备上。传感器、移动设备之间的连接可以采用蓝牙或者 Zigbee 等短距离无线传输标准，或者也可以采用 WiMAX 或 LTE 等长距离无线传输标准。图 7—4 显示了全覆盖医疗解决方案的原理。

该解决方案将实时向医生提供病人状况的数据，根据患者早期症状的变化作出诊断，并确认治疗方案。这对那些即使仅仅存在潜在病因的健康人来说也同样有用。通过无线设备远程诊断是解决方案的核心元素。应用 4G 技术提供的安全高清晰视频会议功能，医生无须和患者面对面就可以查看患者身体的任何部位，包括肋骨、耳朵、咽喉以及其他

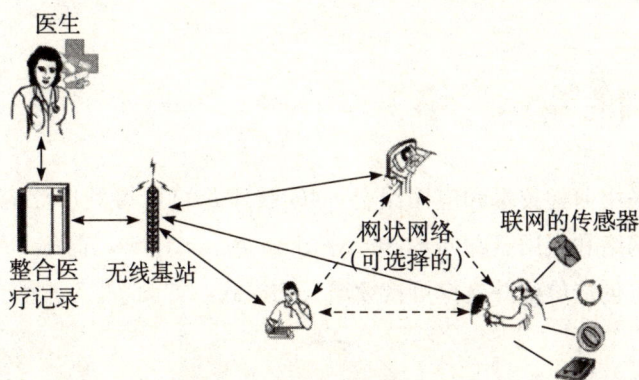

图7—4 全覆盖医疗解决方案

器官。远程诊断可以大大节约医疗成本，节约患者用于就诊路途的时间和消耗的能源。远程治疗的好处更是无价的，当医生无法及时赶到救治现场时，可以通过远程治疗快速作出反应。

■ 商业影响

全覆盖医疗解决方案的潜在商业影响很大，到2020年，医疗成本将占美国GDP的20%，超过40 000亿美元，这其中将有一半用于慢性病患者，这些慢性病患者可以通过预防性保健和监测获得更好的治疗。住院治疗的成本占总医疗成本的1/3，通过全覆盖医疗方式，即便仅使该成本下降一个很小的比例，对经济产生的影响也是很大的。另外，医院、诊所、医生办公室和患者在交通上的温室气体排放量很大，通过全覆盖医疗解决方案可以使之大幅降低。这将使现有的医疗服务模式向以患者为中心的模式转移。在这个过程中，无线网络提供商和疾病监测服务公司可以为患者和医生提供极大的价值。同时，医院和诊所的重要性将降低，因为住院治疗的人减少，他们将不得不寻找新的收入来源。虽然医生出诊的需求大大减少，但保持良好的诊断记录非常重要，不管他们的患者位于巴尔的摩还是班加罗尔。问题在于，谁来管理全覆盖医疗服务，谁来控制收集的患者数据，是供应商、无线运营商、保险公司、设备提供商，还是应用系统提供商？结果有多种可能。

找到正确的 DNA ▶▶▶ ···

不管采用何种技术和应用组合，4G 技术都可以得到广泛应用，因为设备、网络和应用（devices, networks, applications，简称 DNA）的生态系统将创造价值并支撑可持续增长的模式，如图 7—5 所示。

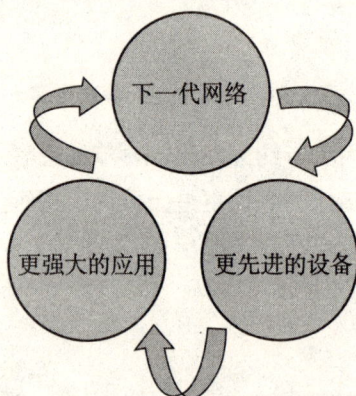

图 7—5　无线设备、网络和应用生态系统

传统观点认为，"如果你创造它，它就会到来"，这意味着如果下一代系统出现，设备提供商和应用系统开发商将推出新的更强大的解决方案。他们已经找到了可以带来革命性变化的技术和平台，并将开放标准设备、无线社交网络应用到实际中去。这带来了多方面深刻的创新，这些技术和平台包括：文件共享、社交网络，甚至互联网语音工具 Skype。这样才使得网络中新的应用为大众群体所接受。图 7—6 是图 7—5 的变体。

这些以用户为中心的模型代表了 4G 模型和现有模型的根本性差异，并且从中我们可以看出 4G 模型超越了现有的模型。

【深度见解】以用户为中心的狂蜂数字群模型将在几乎每一个行业中出现，只有持续不断地根据用户的反馈进行评估和改进，才能抓住这些机遇并最小化风险。

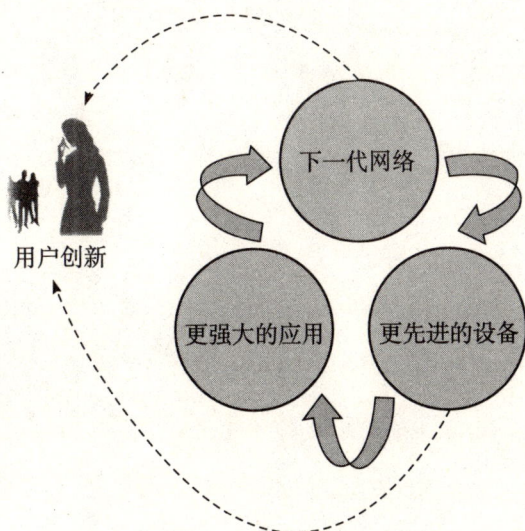

图7—6　以用户为中心的无线设备、网络和应用生态系统

第八章 群领导力

领导者和跟随者之间的区别在于创新。

——史蒂夫·乔布斯

作为一种最新的通信工具，在不远的将来，无线技术将成为社会互动、创新和促成商业模式发生变化的万能者。本章也是最后一章，概括了本书的重要内容，并提出了一份在数字群时代竞争中获胜并提升领导力的日程表。

不论在行业、公司、职业还是个人生活的各个方面，你都必须理解重要的变革因素（而不是被动地受这些因素的影响）。无论你是一个总裁、经理、员工、学生，或者只是一位感兴趣的读者，4G 都将以革命性的方式影响你的生活。我们在本书中认识到了以下几个重要方面：

● 移动通信系统在几十年前就已出现，但由于受到垄断和政府管制的影响，移动通信市场潜力的开发受到了很大限制。最初没有人预料到移动通信将成为如此巨大的一个产业，它现在已经拥有 40 亿用户。毫无疑问，移动通信领域还将会出现另一个令人惊讶的巨大变革。

● 3G 在吸引了如此多的注意力后，效果却很有限。用户要求的增长超过了 3G 所能够提供的限度。结果是，其他技术（HSPA，下一代WiFi 和 WiMax）填补了这一空缺。

● 4G 并没有一个被普遍接受的标准或定义，4G 实现的目标包括：1G bps 的传输速度、全覆盖，以及其他一些领先技术的集合，比如可识别无线电、网状网络和传感器网络。诸如 LTE 和 WiMax 之类的标准声称自己就是 4G 网络的标准，但在实际数字群中，围绕 4G 标准的发展还有很多不确定因素，因此数字群已经不仅是技术问题了。

● 数字群不仅仅是技术的问题。和其他许多革命性技术一样，数字群技术和社会、经济、政治因素结合起来才能实现腾飞。对于数字群技术来说，其变革的驱动因素包括低端革命、分布式权威、Z 一代主导、生物融合、情景智能、工作和生活的相互融合、嵌入式技术、IP 管制和分布式权威等。

● 理解数字群在未来演化发展的几种可能框架。因为无线技术的发展方向有着很大的不确定性和复杂性，应用信息和情景规则能够更好地理解和分析可能发生的市场结果。

● 无线技术的未来有着多种可能的情景。这些可能性包括全体性的、高度经济化的未来情景（自然对界），或者分裂的、不安全的情景（狂蜂）。这取决于多种关键因素之间的相互作用，这些因素包括网络安全、协作和技术拥有权。

● 组织必须识别无线技术发展不同情景中的成功战略。组织必须针对特定的情景或者细分市场制定实时权变的战略，应结合重要因素制定符合技术发展的战略，依靠这些战略能够在不同的未来环境和细分市场中获胜。

● 通过一项针对公司高管的调查，我们识别出了 WiQ——组织在未来无线技术发展中获胜的关键特征。WiQ 包括熟悉/了解无线技术，无线宽带接入、无线创新、组织权威、无线生态系统、无线技术、无线内容、无线互联、大规模无线合作和无线社交网络。

● 公司必须建立一个能够实现产品、服务创新的无线生态系统。这一生态系统能够无条件应用于全体员工和顾客的广义网络，以获取新的信息，从而进行产品创新和新产品开发，以及收集顾客的反馈意见和从市场学习新的经验。

● 狂蜂数字群应用的出现以及 4G 技术的广泛应用将使现有市场发

生改变,并出现市场创新。面向驾驶员的前瞻性应用、环境敏感型的零售、组织行为追踪和全覆盖医疗解决方案仅是狂蜂数字群应用的数个例子。

组织应该综合考虑上述因素,以制定适应自身的数字群战略。这需要强有力的领导,因为季度财务报表常常吸引公司领导很大注意力,消耗了大量的资源,这使公司领导对数字群的长期市场机遇方面关注不足。有创新能力的公司能够在 4G 技术的短期收益和长期发展中找到平衡。

4G 组织 ▶▶▶▶

和今天 3G 技术的"使车开得更快"的理念不同,4G 技术将车设计成为"相互联网的汽车系统",这比高速公路上的单辆汽车拥有更强的动力。即时的"互联性"使 4G 组织和今天即使是最优秀的 3G 组织相比也有着很大的不同。4G 组织的员工发现自己作决策时拥有更多的实时因子,4G 技术使得他们在任何时间、任何地点都可以做到这一点。通过微观和宏观层次的各种相互连接的网络,可以实现全覆盖接入。这一过程对于用户来说是透明的,用户设备可以自动根据需要和公司政策/协议接入合适的网络,从而拥有更多的实时信息。

在领先的 4G 无线组织中,你可以看到如下行为。

●员工对无线技术非常精通,并将无线技术作为商业和个人活动的主要通信工具。

●在世界任何地方,员工的终端设备都可以根据位置和背景信息判断适合接入的无线网络。

●在任何地点和范围内的员工之间进行的信息和内容的持续共享(通过无线或有线的方式)。

●使用完美的通信媒介可以进行每一次独特的互动,这些媒介包括文本、语音、视频和电子邮件等。

●员工可以使用任何经许可的设备,在任何地点接入公司的应用网络。

● 对应用和安全设置进行持续更新，并通过软件下载到员工的移动设备上。

● 在员工、合伙人、顾客之间使用无线技术作为协作与创新的平台，并有强大的无线应用支撑。

● 有着认同分权的网络文化，为移动的员工授权，使他们作出关键决策，进行创新。

● 公司和多个无线网络和基础设施提供商达成协议，支持多种 4G 无线通信技术的应用。

考虑到上述特点，很容易看到 4G 组织和今天的 3G 组织有着很大的不同，表 8—1 概括了这些差异。

表 8—1　　　　　　　　　　3G 和 4G 组织的对比

属性	3G 组织	4G 组织
无线接入	3G 网络和 WiFi 热点的覆盖有限	无处不在的网络覆盖
连接速度	比家庭宽带速度慢	比家庭宽带速度快
设备	智能手机和笔记本电脑	最新软件支持的识别设备
组织权威	集权控制	高度分散
无线企业应用	局部的无线接入	全覆盖无线应用加个性化应用
知识共享	集中访问	集中和点对点的访问都支持
安全	在企业层次进行控制	在用户层次进行控制
设备互联	通过蓝牙的有限互联	物体相互连接形成生态链
无线的顾客互动	网站访问和移动营销	实时记录和互动

4G 无线革命和万能技术为高度分权的互联网数字群的组织结构奠定了基础。因为我们正处于 4G 技术的早期发展阶段，所以很少有组织已经发展出这样的组织结构。军队是具备数字群特征的若干先锋之一——为了应对高度不确定性的瞬时变化的战场环境。其他早期的 4G 技术采用者还包括联合国这样的非营利组织，各种政治竞选团队也采用数字群作为直接支撑和获取资源的手段，而联邦快递和 UPS 这样的公司利用数字群建立了高度迅捷的供应链。人和机器能够持续互动，以提供实时信息并实现相互调整。

图 8—1 显示了那些从互联网发展到"无缝体验",再到真正"生态系统"的公司获得的竞争优势。

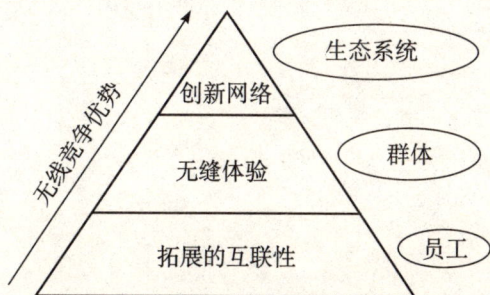

图 8—1 三个不同层次的无线时代竞争优势

大多数组织尚处于第一层次,也就是"拓展的互联性"这一层次。组织使用无线技术作为一对一的互联和通信的手段,无线技术的效益和影响也只能在员工层次通过提升员工生产率实现。

第二层次是"无缝体验"层,有着共同兴趣的群体和社区通过无线技术相互连接起来,这使得群体层次的智能和决策水平提升成为可能。

第三层次是"创新网络"层,这意味着建立了广泛的无线生态系统。这个生态系统拓展超越了组织边界。在这个耦合式的系统中,信息、想法、资源甚至人才得以全面展示。进入这一层次的组织可以获得很大的竞争优势,无线技术创新带来的速度和市场影响巨大。

和自然生态系统中鸟类、昆虫和鱼类一样,群战略也将成为成功组织的常用战略。这意味着组织原来以命令和控制为核心的领导模型系统的改变。我们希望本书能够帮助你建立自己的数字群应用,并为在未来的无线世界中取得成功做好准备。

附录A WiQ 问卷

The

>>> New World of Wireless

本附录提供了一份对你所在组织进行 WiQ 调研的问卷，你可以使用此问卷对组织的业务部门、职能部门和管理层进行调研，并对结果进行比较。对组织中具有不同的人口统计特征的员工进行抽样调查并对比（比如年长员工和青年员工、国际员工和美国员工等），每个问题都使用了1~7 分的利克特量表进行测量，1 分表示最低，4 分表示中等程度，7 分代表最高，如表 A—1 所示。

表 A—1　　　　　　　　　　　组织 WiQi 调研问卷
　　需求

类别	维度	评分（1~7分）
无线技术对市场的影响	无线技术、网络和应用的哪些变化能够对你的市场和顾客造成影响，程度如何（新进入者、新产品和服务、新细分市场等）	
无线技术变革对组织运营的影响	无线技术变革的发展进步对组织运营产生影响的程度（生产率、交易成本、运转时间、环境影响等）	
组织的无线技术潜力	使用无线技术提升组织的总体绩效（创新、增长和效率）	
员工要求	员工应用无线技术开展业务活动的比例	
总需求的评分		

准备程度

类别	维度	评分（1～7分）
熟悉/了解无线技术	拥有最新的无线设备（3G）并使用新无线服务的员工比例	
无线宽带接入	员工使用无线宽带接入工作应用的比例	
无线创新	使用新无线技术作为新产品和服务倡导者或传递媒介的比例	
组织权威	组织中决策制定的权威是分散的（分权型）还是集权的（层级型）	
无线生态系统	员工、顾客、全体伙伴和软件商通过无线网络互联、沟通和互动的程度	
无线技术	无线技术和应用更新换代的速度	
无线内容	你所在的组织使用无缝体验所提供的内容与全部内容的比例	
无线互联	无线使用者和组织以及其他网络之间无缝连接的程度	
无线合作	组织通过无线终端使用短信息、即时通讯、博客和维基进行沟通和业务活动的程度	
无线社交网络	员工使用无线技术接入社交网络以实现超越工作的更高层次目标的程度（关系建立、改善活动、娱乐）	

　　根据对 50 名高管的调研结果，大多数公司的无线技术应用需求的评分比应用现状的评分要低（这些公司是无线技术应用的滞后者）。仅有 20％的公司对无线技术的应用程度达到了它们的需求（它们是无线创新者）。图 A—1 绘制了高管调研的结果。如何改变那些已经落入滞后类别的组织？第一步就是要理解到底是哪些因素造成了差距（无线应用现状和应用需求的差距）。例如，在无线应用现状的差距中，如果你的组织在无线内容或无线社交网络方面得分很低，你就需要对这些方面进行分析，看看现有的应用能否满足需要，以寻找出对你的组织来说最适合的解决方案。在无线应用需求的问题中，如果你的组织在员工需求上得分很高，你可能需要迅速为你的员工提供他所需要但组织目前尚不具备的无线设备和应用。

　　随着 4G 技术的进步，数字群开始进入市场，公司需要做好充分准备，以从中获取竞争优势。公司必须弥补无线应用现状和无线应用需求

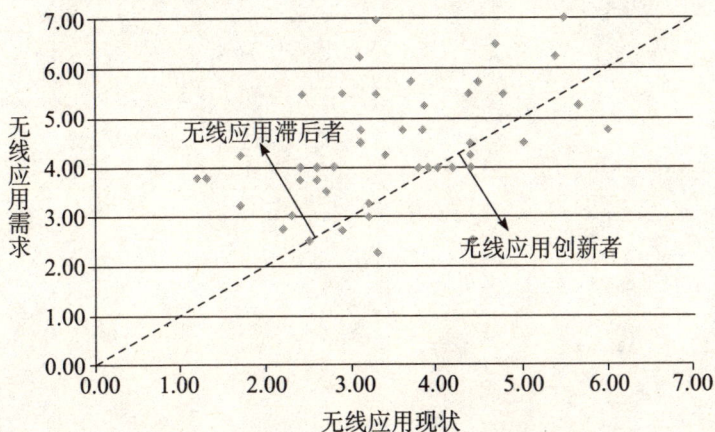

图 A—1　组织的无线应用需求和无线应用现状

之间的差距，才能为在未来的无线商业世界中获得成功做好准备。WiQ
调研问卷目的是找出你的组织应该关注的领域的一个起点，在这些领
域，你的组织能够获得最大限度的提升并消除无线应用现状和无线应用
需求之间的差距。

The
New World of
Wireless

蜂窝通信基础知识 >>>>

通常所说的蜂窝的概念主要基于三个关键技术：

● 频率复用。在蜂窝系统中，通信频率可以通过一组六边形信号塔进行频率复用，每个六边形都有自己的手机信号发射塔，如图 B—1 所示。这使得运营商可尽其所能增加他们的用户数量，这些用户均依靠一组给定的频率集（有时可称为频谱）支持。除非频谱在未经许可的情况下使用，例如运营商可在 WiFi 网络环境下免费使用，一般情况下，频谱均在监管机构如 FCC 的监督下，运营商只能按照规定使用这段频谱。

● 交接机制。当移动用户从一个信号塔移到另一个信号塔时，蜂窝网络呈现一种交接机制。用户在进入一个新的信号区域前，交接机制将用户切换至新的频率区域来防止手机信号的丢失。蜂窝网络通过从每个信号塔接收到的手机用户听筒的信号强度的大小决定用户进入新的信号区域的时间。

● 容量扩充。当一个网络在一个给定的位置需要支持更多的用户

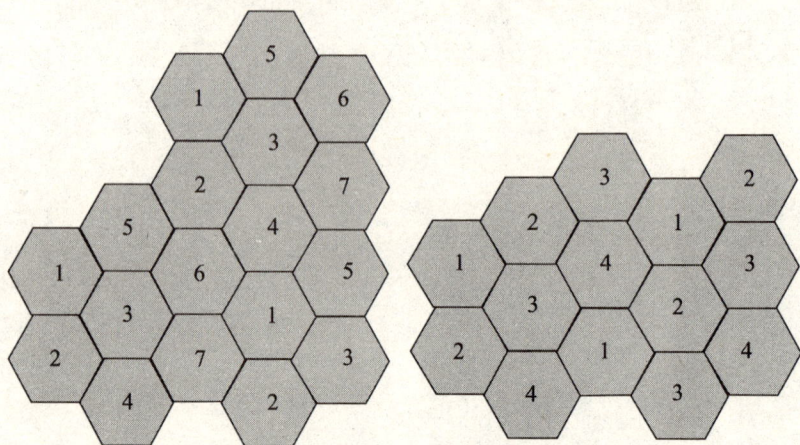

图 B—1　蜂窝系统频率复用模式

时，信号塔将会分成更多低功耗的小基站来减少干扰，如图 B—2 所示。由于蜂窝站的设备花费昂贵，需要几十万到几百万美元不等，所以网络运营商只有等到用户的数量超过所能承受的最大数量时才会增加新的信号塔或者相关设备。

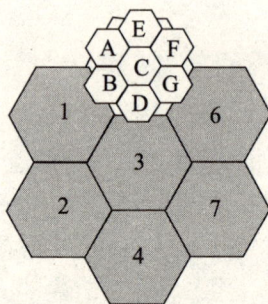

图 B—2　划分信号塔来增大用户容量

无线频谱 ▶▶▶

无线频谱是自然产生的电磁波波段中的一部分，有助于固定和移动手持设备之间的无线通信。

图 B—3 给出了整个电磁波波段图及其在各种带宽下的应用。移动无线系统由于其在某一频段范围的传输特性，故其频率范围在 700 兆赫到 3 000 兆赫之间。频率低于此带宽的波传播距离变长，导致发送方产生频率复用。同时，无线电器件如天线的规模随着频率的增加而减小。这样看来，手机天线在低频率下会显得笨重不堪，携带极其不方便。在频率大于 3 000 兆赫时，由于传输和可用空间损耗变得很大，因此需要更高功率、更昂贵的移动传输设备来克服这一缺点。当频率远大于 3 000 兆赫，达到固定的无线网络系统和一些卫星（如直播卫星）所运作的频率范围时，由于大气中的湿度会影响信号，这种损耗将会变得异常巨大（这就解释了卫星信号为什么会在雨雪天气变得不稳定）。

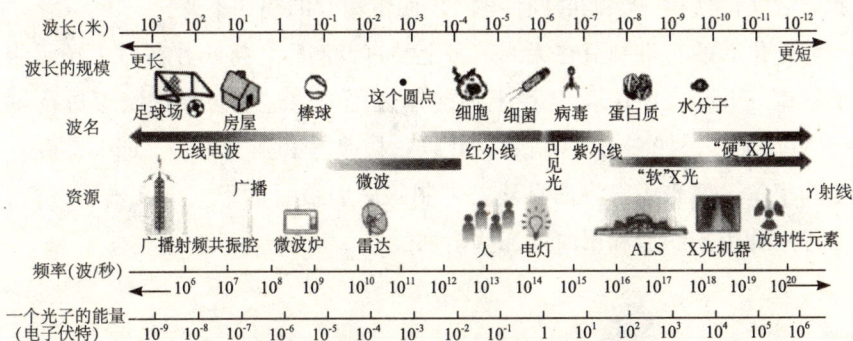

图 B—3　电磁波在各个领域的应用

资料来源：美国政府和美国国家航空航天局。

综上所述，最适合的无线频谱犹如曼哈顿或者伦敦的房地产一样，被看做一种稀有资源，它由政府监管机构高价出售或者拍卖。

什么是数字传输 ▶▶▶▶

数字传输是将模拟通信流，如你的声音、电视或者歌曲，转化成一连串的 0、1 数字流。在速率大于信号本身的变化速率（根据那奎斯特频率）的情况下，每隔一段时间对信号进行采样。每个等级的样本随后都被转化成二进制形式（即每个数字均由二进制的 0 或 1 表示）。比如，

14 转化成二进制形式为 1110。所有的样本都转化成二进制后，被分装成一条二进制流。二进制流的附加位用来放置报头、中断码、纠错码，验证消息的完整性以及安全保护信息等。

通过无线信号在空气中传输二进制流的过程叫做调制（modulation）。调制过程将信息映射到另一种信号上——本例中是无线信号。调制过程有三种基本类型：频率调制（FM）、幅度调制（AM）、相位调制（PM），以及以上三种的混合调制。想象一下在一定的速度下开和关手电筒按钮，光的强度随着时间不断改变的情况。频率调制类似于增加传输 1 的速率，同时减少传输 0 的速率；幅度调制类似于将光强增大到能传输 1 或者降低到能传输 0；相位调制类似于改变光的亮灭周期的起始时间，使得一半的时间传输 1，而传输 0 的周期不变。

转化后的二进制流在无线信号上经过调制后，接收方在另一端要能够解调（demodulate），运用上述传输过程的逆过程对二进制流进行解码（decode），如图 B—4 所示。此外，接收方必须对编码（code）有一定的了解，熟悉用于将消息从二进制码译成最后的形式（文本、声音、录像）和用于纠错和窜改的那些附加位。

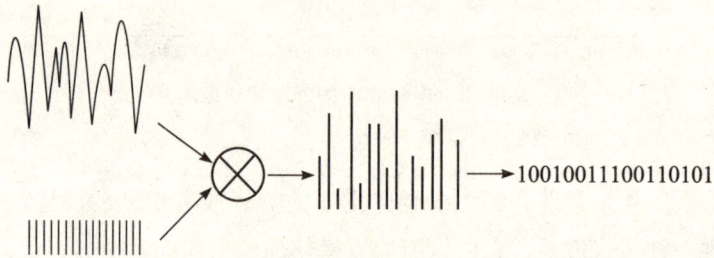

图 B—4 数字传输的解码

GSM、CDMA、TDMA 网络的区别 ▶▶▶▶

多个用户之间的通信流可通过不同的方式以一条简单的通信链来连接，称为访问方式（access methods）。除了上文提到的蜂窝系统的频率复用这一基本前提，一般有三种主要的访问方式：频分多址（FDMA）、时分多址（TDMA）和码分多址（CDMA）。

FDMA 多用于 1G 的模拟系统中，它把通信系统的总频段划分成若干个不同的频道，也称信道（channels），分配给不同的用户使用，通过保护频带（guard band）来保证相邻频道之间无明显的串扰。在 FDMA 系统中，发送方和接收方一旦被分配了一个固定的信道后就不会改变（除非进入一个新的信号区，信道重新分配）。FDMA 也可用于很多电信系统，如电缆和广播电视等。

TDMA 是把通信系统的总频段划分成若干个不同的时间间隙向基站发送信号。所有用户均在相同的频段下通信，在满足定时和同步的条件下，基站可以分别在各时隙中接收到各移动终端的信号而不串扰。虽然 TDMA 网络需要更精确的设备保证移动终端的接入点的准确性，但是在给定频段之间以二进制码进行的数字传输过程中，TDMA 还是比 FDMA 效率更高。TDMA 还可以与 FDMA 混合复用。通信系统的总频段先使用 FDMA 划分成若干个不同的信道，然后不同的信道上的用户再通过 TDMA 进行通信。这种混合通信方式常用于 GSM 网络中，用 FDMA 将分配的带宽分成 124 个不同的信道，再将每一个信道使用 TDMA 分成 8 个不同的时间块。普通的 FDMA 系统在每一个单独的信道上只能进行单个用户的无干扰传输，而 TDMA 的 GSM 系统的容量效率是 FDMA 系统的 3～4 倍。

CDMA 运用了一种与 FDMA 和 TDMA 完全不同的技术，使得每一次传输均在相同的频率和信道上进行。为了使所有用户之间互不干扰，在每一次特定的传输中都嵌入一串看似随机的代码，这样使得目标接收方能用这些代码从信道中的其他用户那里提取所需要的传输信号。据报道，CDMA 可以承载更多的用户而无明显干扰，容量也远远大于 TDMA 和 GSM 网络，效率方面也比模拟 FDMA 系统提高十倍之多。当然，这些报道在无线通信领域还未得到充分证明。

CDMA 基于扩频技术。在第二次世界大战期间因战争需要而发展了 CDMA 技术，女演员海蒂·拉玛（Hedy Lamarr）和男演员乔治·安太尔（George Anthiel）运用 CDMA 技术帮助潜水艇之间秘密通信（虽然海军从没采用这项技术）。接收方和发送方之间通过嵌入在传输过程中的伪随机代码进行通信，为安全通信的创新开辟了崭新的道路。这些创新如今广泛地运用于商业和军事领域。事实上，高通公司（Qualcomm）已经积极发展了围绕 CDMA 技术的知识产权组合，CDMA 必将是 2G 和 3G 无线标准发展道路上的主要因素。

图 B—5 给出了三种访问方式之间的不同之处。

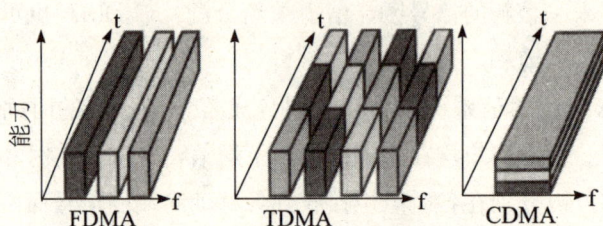

图 B—5　三种访问方式之间的比较

圣杯的容量：香农定理 ►►►►

对于一个给定的频谱来说，其所能承载信息的最大容量是一个有限值，这个值由香农定理确定。香农定理描述了一个信道所能承载的信息容量，其定义公式如下：

- 占用带宽（对于频谱来说，就是已用多少频谱）；
- 接收信号的质量，就是看信号在自然噪声上的电平：

$$C=B\log_2\left(1+\frac{S}{N_0}\right)$$

式中，C——信道容量（字节/赫兹）

　　　　B——信号带宽，即无线频谱占用了多少带宽

　　　　S——信号强度

　　　　N_0——自然噪声功率（自然产生的干扰水平）

香农定理被称为"没有免费午餐"的定理。如果想要通过编码或者调制在一个信道中加入更多的信息，那么只能用更多的频谱（带宽）或者更高的信号电平，也就意味着需要高功率、高价格的传输介质。无线网络工程师们一直在这些限制——如移动设备价格、范围或可行频

谱——之间，权衡更好的解决方式。相对于更高容量的 WiFi 网络和新兴的 4G 技术，在 3G 网络中的 0.3bps/Hz～0.5bps/Hz 已是系统的最高信道容量（比 GSM/EDGE 也好不了多少）。

夸张之例：移动卫星服务 ▶▶▶ ⋯⋯⋯⋯⋯⋯

1997 年，由摩托罗拉和一批投资者赞助的 Iridium 公司公开发表声明要发射一颗先进的卫星。这颗卫星通过提供全球无线语音和数据服务覆盖世界各地的无线电话公司，甚至在珠穆朗玛峰的顶端也可以接收信号。由于卫星的本质就是信号塔，所以这个设计是有意义的，设计出的卫星所覆盖的地球对应面的面积将变得更大，如图 B—6 所示。

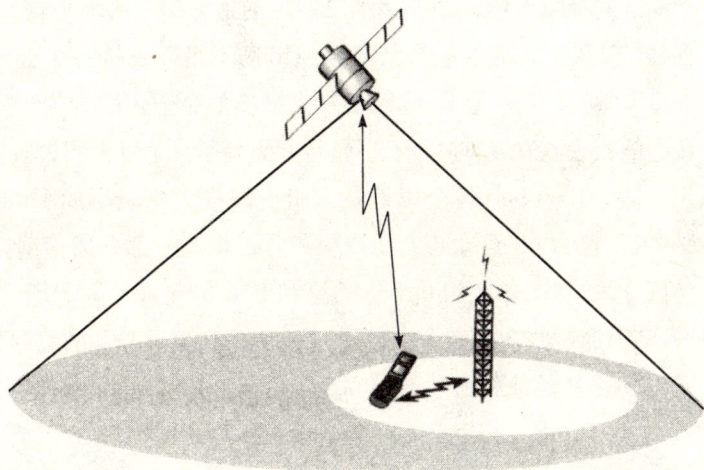

图 B—6　Iridium 公司的卫星电话概念

低纬度的 Iridium 系统甚至可以克服在高纬度卫星通信所出现的延迟问题。信号从到达卫星到返回地面所需的时间只要令人难以置信的 0.5 秒。迄今为止，在 Iridium 以及类似系统（Globalstar，Orbcom）的投资上已经超过 100 亿美元，而包括美林证券（Merrill Lynch）在内的一些银行也将投入超过 300 亿美元的资金来进行卫星蜂窝建设。但是，这些商业计划必然存在一定的不足。

第一个不足之处就是电话的体积会变得异常庞大。因为这些电话需要一定的硬件设施和足够大的功率才能把信号传输到 800 英里（1 280 千米）高空的卫星上。虽然在家里或者办公室这种固定场所可以使用，但是对于长期漂泊在外的生意人来说，这显然无法减轻他们的负担。第二个不足之处就是卫星的内部覆盖信号差，而用户所需要的恰恰是信号相当不错的卫星。第三个不足之处就是建设一个这样的系统相当昂贵。一个系统的费用包括建造、发射以及维护一个拥有 66 颗卫星的卫星系统。Iridium 公司需要为这些服务（特别是小用户群）支付一笔不菲的额外费用。此项商业计划存在的最后一个不足就是市场竞争力小，因为当今世界 GSM 和 CDMA 网络已经覆盖整个地球，几乎 99％ 的地方（经济区）都已覆盖蜂窝信号。对于一个全球旅行的商务人士来说，无论在世界各地都能接收足够好的信号，而且手机的价格又不昂贵。Iridium 公司唯一能瞄准的缝隙市场就是那些难以涉足的地方——海上平台、轮船、飞机、森林、沙漠等，而这些剩余的缝隙市场不足以支持一个如此庞大的全球卫星系统。因此，Iridium 以及一大批类似企业都因为损失巨大而破产。在电信业主流发展方向上，卫星行业无疑是一个巨大的失败。

然而当今，Inmarsat 等公司以及重组后规模大幅减小的 Iridium 公司正为一些远程用户和移动政府用户服务，占据了一部分通信缝隙市场份额。实际上，2007 年 Iridium 公司盈利 2.6 亿美元，并且计划投入 7 500万美元增加一些新的服务。鉴于已经认识到卫星服务的局限性，Iridium 等公司将从其他领域获取利润。

无线能否快于有线宽带 ▶▶▶

理论上讲，无线信道传输可以达到与有线宽带一样的速度，但实际上由于物理条件限制，无线的速度必将小于有线宽带的速度。根据前面所提到的香农定理，对于一个给定的连接，其传输速率取决于可用频谱（频率）的大小和信噪比。相比较而言，光纤具有最大的频谱和最小的噪声电平。信号通过光纤传播可以大大降低自然干扰的产生。同轴电缆

（如有线电视和调制解调线路）的抗干扰性稍逊于光纤，而铜线（如电话和 DSL 线路）则逊色更多。当然，选择任何一种传输媒介都会存在一定的自然干扰，比如电吹风和微波可能会干扰信道上可信信息的传输。但无论如何，在同一频率和传输功率下，上述三种有线连接的信道容量还是比移动无线信道的容量大。图 B—7 对比了住宅宽带（从 DSL 到调制解调器再到光纤）和无线宽带（1G 到 4G）传输速度的差异。

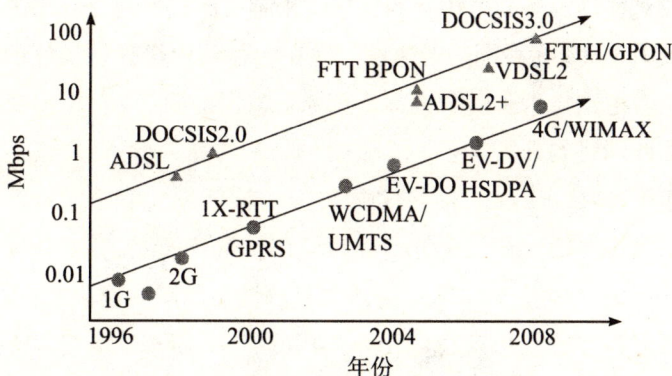

图 B—7　无线网络和有线网络网速比较

产生这一传输速度差异的主要原因在于无线传输是在一个多变环境中进行的传输，并且容易受到以下因素的破坏：

● 多径，即同一个信号的不同版本可能与建筑物和其他物体产生冲突；

● 衰减，即当用户被物体挡住或者远离传输介质时，信号会衰弱；

● 信号路径损耗，即由大气因素（水、雾等）引起的路径损耗；

● 其他无线信道产生的干扰。

启用数字技术如差错检测和差错纠正能有效地解决上述一些问题，但是却不能完全克服有线连接带宽和噪声电平的干扰。此外，蜂窝通信环境覆盖了很多地区，用户可以自由出入覆盖这些区域的各种信号塔。智能移动管理技术（信号塔的选择和移交）用于减轻用户不断移动造成的信号影响，但是这种技术消耗了更多的资源和用户带宽。和有线环境相比，无线环境唯一的优势就是可移动性，这给用户带来了极大的便利。

2.5G：不只是语音通信 ❯❯❯❯ ⋯⋯⋯⋯⋯⋯⋯⋯⋯⋯⋯⋯

2G 网络开创了移动语音服务的新纪元，但它所提供的数据容量却很有限——14Kbps 或者小于拨号调制解调器的瞬时速率。万维网的使用和普及对移动设备高速访问的要求越来越高。虽然现在各服务商和标准组都致力于 3G 无线网络的建设，旨在为移动用户提供良好的宽带服务，但是考虑到技术和资金方面的因素，3G 网络的成熟还需要一定的时间，因此网络的升级需要一个临时的解决方法。GSM 网络运用通用无线分组服务（GPRS），使得实际数据传输速率达到 85Kbps；随后，改进的 EDGE（Enhanced Data for GSM Evolution）网络，速率更是达到了 236Kbps（接近于 DSL 和有线调制解调器的瞬时速率）。用户只要配置新的设备或者手机就可以使用 GPRS 或者 EDGE 网络，无须改变频谱或者运营商式来提高设备性能。

与此同时，短信息服务（SMS）也在欧洲兴起。一开始，与语音电话相比，SMS 只是为了节省通信费用，后来逐渐演变成了一种文化习惯。相似现象在几年后的美国也发生了，由即时消息（Instant Messaging，IM）演化而来的新一代无线用户开启了手机使用的新时代。

RUP：短信息革命 ❯❯❯ ⋯⋯⋯⋯⋯⋯⋯⋯⋯⋯⋯⋯⋯⋯

SMS 是 GSM 网络中新增加的一个特性，它使得 GSM 除语音服务以外，还提供短信息服务机制。现在，SMS 已经高速发展成为全球通信的传播媒介，以其自身的语言规则，通过 SMS 传递的短信息数目已经达到 200 万兆条。1993 年，欧洲率先将 SMS 作为商业用途。到 2000 年为止，SMS 已经成为一种价廉物美的通信方式，节省了一大笔昂贵的通话费用。SMS 在欧洲的一些国家应用尤为广泛，因为欧洲的通话费用远高于美国，实行呼叫方单向收费（而在美国实行双向收费）。在这种情况下，显然短信息通信比电话更实惠。当 SMS 在欧洲和亚洲部分地区盛行时，它在美国的普及率却不高，因为在美国，SMS 的优势并不明显，美国的运营商更积极致力于无线 E-mail 的开发。图 B—8 显示了世界各国与美国 SMS 应用的增长趋势曲线。

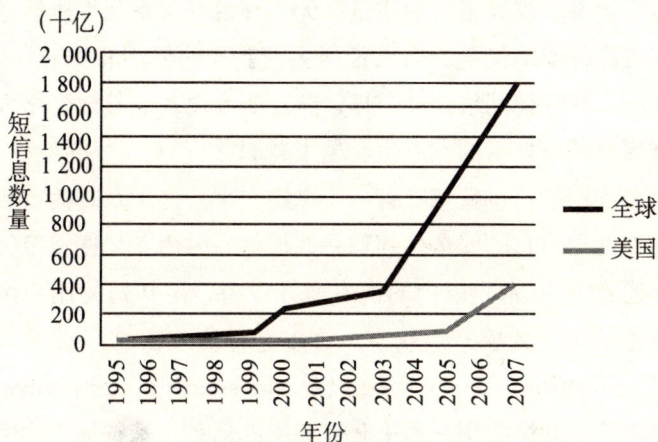

（十亿）

图 B—8　世界各国以及美国短信息业务的发展速度

直到越来越多的青少年用户发现短信息通信的便捷性和即时性，SMS 才开始在美国逐渐广泛使用。产生这一现象的主要原因是 2005 年前飞速发展的即时通信（IM）以及美国青少年手机用户数目的不断增长。截至 2007 年，短信息服务已经为服务商获得了 1 000 亿美元的收益，而美国当时所有的电影、音乐、游戏等娱乐项目的年收入总额也只有 650 亿美元。随着 SMS 在美国的火速发展，短信息已经成为世界各地人与人之间相互沟通和保持联系的一个重要媒介。短信息中的一些缩写和表情图案同时让用户之间更好地传达他们的感情。但是需要注意的是，当你传短信息时，你需要足够了解通信对方发信息的习惯，这点虽是细节但却很重要。例如，有时对方不一定能理解 yuppie［＄－)］和 happy drunk［％－)］其实表示的是同一个意思。

蓝牙技术：联网一切事物 ▶▶▶▶ ┄┄┄┄┄┄┄┄

许多人都没认识到，蓝牙技术标准其实在 1998 年就已经开始使用了。那时的蓝牙技术主要用于减少一些外部设备如耳机、打印机以及音乐播放器的繁冗数据线。但是由于当时的蓝牙通信存在干扰，传输速率低（低于 1Mbps 的宽带连接速度），且关注度不高，所以早期版本（1.1）的发展受到了限制。2003 年，出现了新的蓝牙版本（2.1），它改进了传输速率，提高了传输质量。无线耳机（关系到手机驱动的部分限定）使得蓝牙驱动设备的需求量增大。蓝牙的使用和 WiFi 一样也是完全免费的。和其他网络标准一样，随着蓝牙设备或其他网络设备的应用越来越多，网络技术的发展也会越来越娴熟。

一切事物网络化也就意味着一切事物完全公之于众。而蓝牙技术由于其高遍布性导致它的安全性和隐私性很差。因为蓝牙搜索范围为其信号范围（通常为 10 米）以内的所有蓝牙设备，不知情的用户可能把他的蓝牙设备始终设置成开启状态。许多这样的攻击已经有其对应的名称，如 Bluebugging、Bluejacking 以及 Bluesnarfing。其中 Bluesnarfing 攻击主要指从不知情的用户那里获得有用的信息。麻省理工学院的一些顽皮的学生就是利用这项技术，当帕丽斯·希尔顿（Paris Hilton）出席完格莱美颁奖盛典后，从其手机上下载了她的通讯录。毫不夸张地说，这是一份有趣的通讯录。不管怎样，蓝牙技术除了易受攻击外，在个人网络领域（personal area networking，PAN）还是有无限商机的。而且近几年传输速率的不断增长也会加速蓝牙技术的发展，使得它能传输更大的文件和多媒体数据。

3G 网络发展的障碍 ▶▶▶▶

■ 过时的性能指标

当 3G 网络在 1998 年率先发展时，世界上的住宅宽带普及率相对较低。DSL 和有线调制解调器的传输速率在 256Kbps 到 284Kbps 之间。而 3G 的设计标准为：对于移动的交通工具，其传输速率为 128Kbps；对于移动的行人，其传输速率为 384Kbps；对于固定的用户，其传输速率为 2Mbps。之后，随着全世界宽带普及率的升高，传输速率为 1Mbps 已经是正常速率，而 384Kbps 的速率早被淘汰了。但实际上，3G 网络不能提供与实际相符的性能，因为在发射过程中会出现一些未知的无线性能问题。

由于 3G 不能满足日益增长的速率需求，一种新的技术——高速分组接入（high-speed packet access，HSPA）的使用提高了现有的基于 GSM 的蜂窝系统的性能。HSPA 使得个人用户能享用更大的带宽（超过 7Mbps），但它以消耗其他语音数据用户的带宽为代价。因此，运营商在现有服务领域内对 HSPA 的使用显得小心谨慎，并努力研究开发 HSPA＋来增大传输速率和每个信号塔的全局容量。

■ 知识产权所有权问题

把移动的 CDMA 作为 3G 网络的技术平台，知识产权（IP）和使用许可方面的花费将是一个比较严重的问题。只有少许公司，如高通和 Interdigital 等，才拥有一些特殊的通用移动通信系统（UMTS）知识产权的使用权（超过 256 个相关专利）。这就意味着用户对每部手机都要支付一定的使用费，对基站和宽带 CDMA（WCDMA）支付的费用要更多些。2007 年，高通和爱立信两家公司（世界上最大的通用移动通信系统设备提供商和版权商之一）在解决知识产权/专利分歧上达成共识。但是，许可费用仍然是 3G 设备使用的一个问题，这也是中国想建立自己的 3G 网络标准 SC－TDMA 的一个主要因素。此外，CDMA 标准还需要 GPS 来计时。中国政府不愿意长期处于被控制的不利地位，一直让美国拥有手机网络的掌控大权。但是，当中国寻求 2008 年北京奥运会无线宽带解决方案时，政府才意识到中国的 3G 网络的发展速度已经远远落后于其他国家，所以只能依靠 2.5G 技术来弥补这一技术差异。（这一备选策略使得中国运营商们在北京奥运会期间为用户提供流畅的赛事多媒体直播，捕获重要数据，收取了不菲的漫游费。）

■ WiFi 对 3G 网络的冲击

前面已经提过，近几年 WiFi 发展迅速，但没提及它对新兴的 3G

网络及其感知利益（perceived benefits）的断裂性影响。其影响源于断裂性的经济：带宽变宽（11Mbps 远远大于先前的不到 1Mbps 的带宽），频谱却免费（除非有宽带支持接入费）。一个接入点的费用对于 WiFi 来说为 10 万美元，对于 3G 来说为几十万美元。因此，WiFi 中的单位传输费用相对较低。根据 2006 年的性能指标，3G 网络每兆字节 3 美元，而 WiFi 每兆字节只需 0.02 美元。但 WiFi 网络的缺陷在于覆盖面没有蜂窝系统那么广。由于无线热点普遍集中在一些公共场所，如办公室、家庭等，使得这一缺陷没那么明显。许多用户都会选择在这些地方无线上网，因为网速快、费用低（如果不是免费的话）。现在 Skype 和其他 VoIP 服务商开始向用户提供移动语音服务（如 Pocket-Skype），WiFi 除了数据服务外也在用其语音服务来冲击 3G 市场。在 WiFi 信号覆盖范围内的任意一通语音通信都能在宽带接入点上的 WiFi 网络上进行无增值成本传输。运营商当然不希望看到 3G 是纸上谈兵，毕竟他们花了昂贵的许可费。

日本有一家运营商早就认识到 WiFi 的发展会对 3G 产生冲击，于是采取策略抵御这种冲击。这家运营商就是 T-Mobile，德国电信公司（Deutsche Telkom）的无线分支机构。T-Mobile 买下了一些主要公共场所的访问权，包括机场和火车站。与一些顶级零售商如星巴克、巴诺等建立了合作关系。与 WiFi 提供的"尽最大努力"交付的服务不同，T-Mobile 寻求的是为那些高端移动专业人士提供更高质量的管理服务。其他运营商都认为 T-Mobile 的决策必将带来一笔重大的损失。但现在 T-Mobile 已经在美国成为主流运营商，它通过使用支持 WiFi 与 3G 网间漫游的手机和采用通用无线接入技术［有时也叫做无授权移动接入（UMA）］，为用户提供了一种无缝连接体验。用户可以在信号覆盖区域内享受高速上网和免费的语音通话服务。当无线网络不可用时，他们也可以接入更高覆盖率的蜂窝网络信号。

■　**缺乏有吸引力的应用**

哪里存在能吸引用户眼球的杀手级应用软件？这是很多运营商在 3G 网络推出后会问的问题。和高速网络接入相比，带宽采集卡的应用却没有那么普遍。当 3G 网络开始使用时，具有一定前景的应用，如网络游戏和移动电视等，仍处在相对初级的阶段。这些应用需要专门的设备才能提供丰富的交互体验。甚至在 3G 网络竞争激烈的日本（有 NTT DoCoMo、KDDI 和 Softbank 等多个运营商），3G 网络也没有充分地利用起来。用户使用 3G 网络绝大多数就是下载铃声、小游戏和一些卡通片段（如 Pokemon）。

日本的 3G 网络竞争 ▷▷▷

在最近的几年中，日本在电子产品方面的发展始终处于世界领先地位。从随身听到便携式游戏机再到手机，日本总能推出新产品来迎合大众的口味。这是由日本这个国家的国情所致，人民大部分时间都花费在离家或归家的路途上。所以，对他们来说，手机是沟通和娱乐的唯一桥梁。在日本，尤其是年轻一代，下载图片、视频片段、游戏、歌曲和其他一些可共享的媒体已成为生活中必不可少的一部分。

因此，日本是真正实行 3G 网络的少数几个国家之一。在日本，一共有三家运营商相互竞争：NTT DoCoMo、KDDI 和 Softbank。表 B—1 是 2006 年底这三家运营商的技术、用户数和平均费用的对比。

表 B—1　　　　　　　　日本 3G 运营商之间的竞争

	DoCoMo's FOMA	KDDI	Softbank
标准	WCDMA	CDMA-EVDO	WCDMA
峰值传输速率	384Kbps	144Kbps	384Kbps
引进年月	2001. 10	2002. 4	2005.1
用户数	3 600 万	2 700 万	920 万
平均月花费	61. 11 美元	59. 82 美元	54 美元

但日本 3G 市场至今为止还没有完全波及欧洲和美国。

虽然由 NTT DoCoMo 公司的 2G 网络提供的 i-Mode 模式具有较大的领先优势，但并没有成功转化为 3G。KDDI 公司在自己现有的宽带上推出 CDMA 通信。NTT DoCoMo 和 Softbank 公司提供的 WCDMA 需要更宽的信道来容纳，所以必须从已有宽带上移除其他通信。

新兴 4G 网络技术 》》》》 ··

通过下面对网络的详细介绍，使我们对每个新兴技术是怎样改变当前无线网络的发展有一个基本的认识。

■　无线宽带网络

3G 网络能够在带宽上转换信道（大约 500Kbps，或者平均少于一般有线调制解调器的一半）。但是这些改进太微不足道了，并不能满足用户的期望和高带宽多媒体应用的需要。所以在此期间，无线经营者将 3G 和 3.5G 结合起来，使其拥有如 HSPA 和 EVDO 那样的功能，并且速度提高到 14Mbps。然而对于高质量移动带宽服务所呈现的更大的需求浪潮来说，显然仅有这些技术解决方案是毫无效果的，用户仍然不能获得带宽连接或与其他用户或小站点（无线热点）以外进行网络互联。

早在 2000 年，下一代的无线标准已经被提及，但较之 2.5G 和 3G 服务，后者显然引起了绝大多数的关注。现在这项提议彻底淹没于满足未来使用者需求的一种新型解决方案的提出中，因为 4G 技术获得了更多的关注。这也就是两种标准之间的竞争，即 LTE（Long-Term Evolution）和移动 WiMAX（IEEE802.16e 无线宽带标准）。

LTE 是作为 GSM/UMTS 的下一代扩展而发展的标准，它为移动用户提供高达 100Mbps 的下载速度和 50Mbps 的上传速度。LTE 使用正交频分多址和智能天线的技术（稍后讨论），具有比 3G 系统更高的容量。世界上超过 80％ 的用户使用 GSM，因此它有很大的优势基础。甚至一直使用 CDMA 网络的威讯公司也已承诺使用 LTE 作为它们的 4G 标准。这种标准现在处于不断发展阶段，LTE 的生产者希望在 2010 年后将此标准投放市场。

移动 WiMAX 标准遵循非传统的发展道路，比蜂窝系统标准更接近于 WiFi。对 WiMAX 的关注始于 2000 年初，那时是要建立一个可行的固定的无线方式替代有线和 DSL 调制解调器。在电信泡沫期间，一些资金充足、高调成立的公司已经采用类似的措施，比如采用专用解决方案的 Teligent 公司和 Winstar 公司。甚至 AT&T 公司也参与了天使计划（Project Angel），打击当时的 Baby Bell 宽带服务内部开发的固定无线方式。标准的缺乏、对封闭专有解决方案的依赖、设备的高成本和差异化的价值主张的缺乏，导致这些企业的失败和后来被称为"非理性繁荣"经济现象的出现。最初的 WiMAX 标准与业内主要人士（来自 WiMAX 论坛）建立合作关系，共同创造了一种开放式的标准，改进以前的专用方式和经济体系。他们的目标是能够实现规模经济。最初的 WiMAX 标准（IEEE802.16a）发行于 2003 年。但随着移动通信变得更加符合 2G 蜂窝的快速增长，WiMAX 的标准组和业务伙伴开始开发移动版本，因此在 2005 年 12 月开发了具有移动特性的移动 WiMAX（IEEE802.16e）。

在授权和未经授权的移动无线宽频带的频率范围内，基本标准支持移动无线宽带速率高达 70Mbps，提供了更大的灵活性且比蜂窝技术具有更多的应用。然而，WiMAX 仍存在的问题就是用户切换管理做得没有蜂窝网络那么成熟。英特尔公司同意在新型笔记本电脑中插入 WiMAX 芯片，三星推广 WiMAX 功能手机，Sprint、Clearwire 和一些国际知名运营商作出承诺，这些无不预示了 WiMAX 在未来的无线宽带网络中将占据绝对的竞争优势。为了充分利用网络这一平台，关键是开发如相机和媒体播放器等生态化设备，能够应用于移动娱乐和虚拟会议等。

表 B—2 从性能方面对 LTE 和 WiMAX 进行了比较。

表 B—2　　　　　　　　　　　　　LTE 和 WiMAX 的比较

	LTE	WiMAX
峰值下载速度	100Mbps	70Mbps
峰值上传速度	50Mbps	5Mbps～10Mbps
平均范围	30＋miles/48＋km	1＋miles/1.6＋km

花费和性能方面很大的不确定性使得 WiMAX 成为网络中的赢家相当困难，当然可能性还是有的。可能将来会产生一种新的突破性的解决方法，比如用一时谈论较多的超宽带（UWB）来代替 4G 技术。

■ OFDMA：无线信道的助推器

正交频分多址（OFDMA）的概念已经存在了几十年。然而，考虑到其技术成本，使得 OFDMA 在最近才开始应用于无线网络和手机。OFDMA 技术利用傅立叶变换使个人无线通信以最小的冲突在特定的无线信道上传输。

如果分配了足够数额的无线电频谱（大约大于 10MHz），OFDMA 技术可以比其他无线接入方式频谱效率更高。这里提到的增益能力的统计性质，有点像一个大烟斗，给予越多的时间，就有更多的信息流通过，这就是为什么所有潜在的 4G 标准都使用 OFDMA 的一些形式。当然，OFDMA 也用于不同的 WiFi 网络（IEEE802.11a,g,n）。

■ 超宽带：无线宽带的通配符

超宽带就像是使用了激素的 CDMA。俄罗斯和美国都发明了这项技术（我们不能确定到底谁是抄袭的）。他们使用宽带通信系统，利用短电磁波发现入侵的威胁。UWB 不是通过传统的无线通道传输信号，而是通过一个容量要大很多的宽带传输（达到 8GHz 的带宽，即一般 3G 无线通道 1 600 倍的宽度）。它可以使用极宽的频带，且不会干扰到在同一信道上的其他使用者。UWB 在低干扰频率下传输（也就是说它能够在其他无线信道上辨别一般的噪音干扰）。为了确保接受者在低速情况下能够接收信号，这需要使用重编码和宽带通信技术。UWB 在高速连接上有很大的优势，优于提出的 4G 标准（如 LTE），所以理论上来说它能达到的带宽值是没有上限的。UWB 的第一个应用是短程无线网络，它包括新蓝牙标准中的在 10～20 米范围内达到 100Mbps～200Mbps 的速度。这项创新技术除了能在将来有更广泛的应用，它的芯片的价格也只有几美元左右，可能还会降价。

■ 认知无线电或软件无线电

早期的无线电设备设计成在特定的频带范围内利用给定的无线电标

准进行通信。移动设备逐渐演变成多模式的结构，可以切换到不同的频带，包括在 1G 系统和 2G 系统之间的切换。当前，在接近于 WiFi 无线热点区域或者信号强度高的地方，这些设备已经能够在无线网络、2G 和 3G 蜂窝网络之间进行切换。展望未来，我们希望设备不仅能够在几种已经定义的频谱和标准范围内转换，而且能够在广谱和多种广泛的无线网标准上运行。这就需要以后的设备中有灵活的天线，这些天线能够在一个比较宽的频谱范围内运行，而且应当在软件中配置，使得每种新的无线标准能够直接从手机上下载。

美国军方现在利用联合战术无线电系统（joint tactical radio system，JTRS）来做这些工作。这个系统能够掌握 30 种不同的无线电标准并能在大片的频率上运行，这样士兵、车辆、飞机可以很容易进行交流和沟通，而不需要像以前一样携带大量的无线电设备。当移动设备有附加的计算功能时，就会出现更智能的和认知性的功能，见图 B—9。

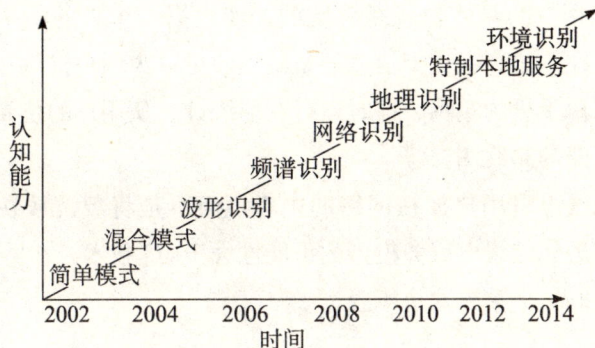

图 B—9 移动设备中认知功能的发展

● 频谱识别。频谱识别是在任何一个给定的时间内鉴别和利用没有用的频谱（因为频谱的利用可能是暂时性的）。最近的美国国家科学基金会（NSF）研究表明，现有的无线频谱平均利用率在一个时隙内仅占14%。随着频率捷变（frequency-agile）装置的发展，现有的频谱限制是可以克服的。不同的设备之间可以相互调节，让用户在不同时点上及时访问可用的频谱。美国国防部先进研究项目局（DARPA）已经在军事应用上展现了其动态频谱接入技术，部队根据他们所处方位要及时适应不同的可用频率。如果运营商和监管者可以联合起来构建一个全面的 DSA

（动态频谱接入）网络，那么它将会成为 4G 网络中更加普遍的商业应用。

● 网络识别。网络识别能够检测所有可用的网络，并且提供在给定应用下的最佳性价比。例如，传送邮件可能不需要一个低延迟的网络。但是，视频输入在低延迟网络中传输性能会显著降低，所以用户希望为一个重要的视频会议寻求更多的网络接入点。这就意味着，无线必须不仅能够检测可用的网络，而且能够确定在每个网络上的服务质量，还必须能够交换用于计费和管理的用户身份认证信息。

● 地理识别。地理识别是指设备准确地知道用户所在位置，帮助用户找到最近的可用服务，例如，它可能知道最近的酒店或旅馆在哪。

● 特制本地服务。特制本地服务是一种能够利用地理信息来定制专门服务的应用，如定制与用户具体位置相近的教育和娱乐服务。例如你走在费城时，手机中就有富兰克林在介绍该城历史遗迹。

● 环境识别。环境识别本质上就是增强现实技术（augmented reality，AR）。用户的具体位置是确定的，如根据一个人的心率和位置可以知道他正在跑步。在这个信息的基础上，可以为用户提供一些有用的应用，如用户手机的嗡鸣、即时运行性能统计、从用户的位置到目的地的距离和可能的路线图。

认知无线电将用户放在网络的中心，而不是将载波放在网络的中心，导致其破坏无线电服务模型的可能性大于 4G 技术。在后面讨论 4G 未来的发展时，会重提这个概念。

从硬件到软件 ▶▶▶▶

如果要获得速度，传统的做法就是直接对硬件功能进行设计，或者"使它硬件化"。如果想要获得灵敏性，就要用软件来实现，这样可以很方便地更新它的性能。但是通常情况下，利用通用处理器执行特定的软件功能（就像利用基站验证一个用户）的速度要比将功能设计成芯片时慢很多。此外，一般通用处理器或中央处理器（CPU）的价格远远超过专用集成电路（ASIC）。随着摩尔定律的有增无减，计算能力将变得越来越便宜。重要的是，在 CPU 上运行软件速度很快，足以使运行在不同网络中的无线电能够执行大型、复杂的功能。图 B—10 表示的是，用宽带前端和通用处理后端代替许多具体的硬件时的专用无线电和软件无线电。

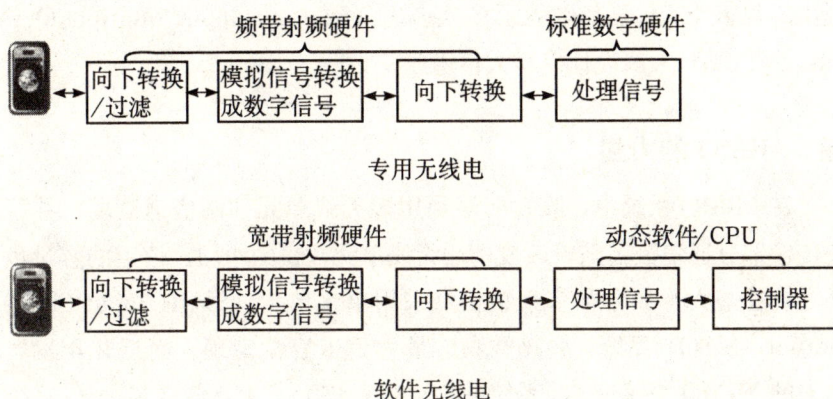

图 B—10　专用无线电和软件无线电

通过在软件中实现更多的功能，设备在无线网络模型中变得更强大，这是因为设备可以在不同的无线网中进行最优化选择。然而这对利用商业渠道使用户获得无线网络更多控制权的无线运营商而言，并不是一种理想的情况。

■　智能天线

在本附录前面已经提到，频率复用是蜂窝式系统的一个重要的基本概念。此外，在已知无线信道中传递更多位已成为 4G 的主要目标之一。智能天线给已知信道中的频率复用和数据传输带来了好处。智能天线具有自适应性，能够重新调整天线元件以创建不同形状的模式，如图 B—11 所示。

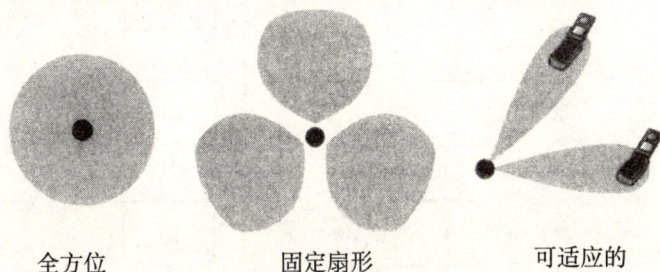

全方位　　　　　　固定扇形　　　　　　可适应的

图 B—11　不同天线模式比较

4G 系统中还应用了其他的技术，如使用多个天线并行传输信息来提高全局性能。

通过增加天线的数量并行传播更多的信息可以提高传输性能。现在提出的很多 4G 系统都融入了多入多出（Multiple Input Multiple Output，MIMO）天线设计以增大传输速率。

■ MIMO 的力量

在 MIMO 系统中，收发两端利用多天线单元抑制信道衰弱，并行地传输部分通信流。随着收发两端天线单元数量的增加，信道的容量也随之线性增大。如今很多系统仍然采用单入单出（Single Input Single Output，SISO）系统，遵循香农的最大信道容量定理。而近几年发展出来的 MIMO 系统使 2G 系统的信道容量扩大了 400 倍之多，3G 系统的信道容量又增大到原来的 40 倍。这就意味着通信数据的传输数量是原来的 40 倍之多，对其服务范围及全局收入潜力无疑是一大益处。

显然，在手机设备上安装过多的天线代价是相当高的。因此，引入了多入单出（Multiple Input Single Output，MISO）系统，在基站上安装多天线，而用户使用单接收器接收信号。其信道容量的增长与 1 加天线数量乘以信噪比之和的对数成正比。

图 B—12 显示了从 SISO 到 MIMO 的不同天线布局。

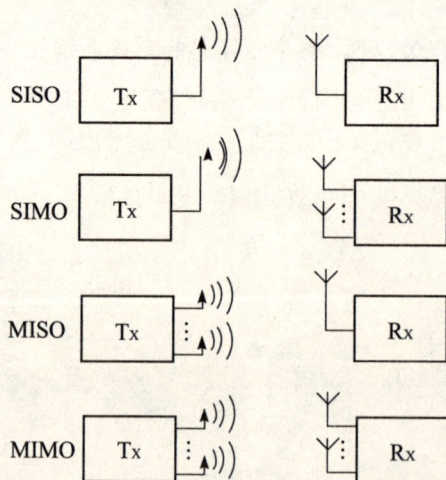

图 B—12　SISO、SIMO、MISO 和 MIMO 的天线布局

■　网状网络

网状网络（mesh network），有时又称作 MANET（Mobile Ad hoc mesh Networks），是与传统蜂窝网络完全不同的无线网络技术。它的拓扑结构与蜂窝网络布局不同。蜂窝网络采用星形拓扑结构，每个移动用户必须通过信号塔或者基站和另外一个用户进行通信。而网状网络可使用户之间进行直接的点对点通信，也可以利用其他用户作为中继器来到达最终的用户终端。从某种意义上来讲，用户之间连成了一个网络，类似于文件共享的点对点传输（如 Kazaa 和 eDonkey），用户之间的通信不需要开放性标准的中央管理机构授权。MANET 网络允许用户根据自己的需要随时建立自己的通信网络。图 B—13 为蜂窝通信网络和网状网络的不同拓扑结构。

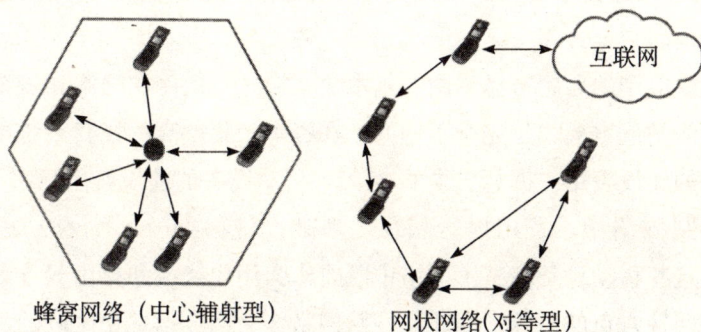

蜂窝网络（中心辐射型）　　　　网状网络(对等型)

图 B—13　蜂窝网络和网状网络的对比

由于战争通信的特别需求，MANET 无线网络技术已成为美国军方的主流通信技术。网络节点和终端用户双方在能见度、通信范围和通信能力方面都是不断变化的，因此通信网络必须随时更新升级以满足用户在任意给定的时刻能相互通信的特殊需求。通过使用不同的设备进行相互之间的直接实时通信，美国军方已经将"探测到攻击"的时间（从检测到威胁到发动一次进攻所需时间）从 3 天缩短至 5 分钟。因此，从一个士兵发现附近有威胁到 UAV 对目标发动进攻的时间间隔只能供你喝一杯咖啡了。

最近，网状网络开始应用于商业：

● 监听器（surveillance/monitoring）。移动平台（汽车甚至人）之间可以相互转告各自的通信形势和通信环境。

● 办公室网络（office networks）。在一个办公局域网内的用户可以很快地配置好网络与别人通信，也可以让用户自己成为网络的节点。Greenpacket 就是一款让任何笔记本和移动设备都能成为其他节点路由的软件。

● 互联网接入中继器（Internet access relays）。每个用户在大规模的网络中既是路由器又是中继器，Fon 等公司可以提供低价甚至免费的共享网络接入。

考虑到小设备的功耗问题，MANET 技术的商业应用仍存在一定的挑战性。比如，用户会让自己的手机作为其他用户传递信息的中继器而耗光自己的手机电池电量吗？没有一种经济诱因促使你这样做。MA-NET 无线网络技术要逐渐取代其他技术成为主流应用，这些因素都需考虑在内。

这些应用的启用遵循不同的基本成本模式，而网状网络和传统蜂窝通信网络的成本模式是完全不同的。在资本密集度高的蜂窝系统中，基础设施的建设费用占据总成本的 80%，移动设备的建设费用只占 20%；而在网状网络中，费用恰恰相反，基础设施占 20%，而移动设备占 80%。这些移动设备在整个网络中既要作为用户终端和路由双方，又要担当访问接入点的角色。因此，网状网络作为当今信息化阶段的需要发展迅速，普及率越来越高。

世界上的一些主要城市，如台北，已经铺设了拥有 200 万个节点的网状网络，而且费用只是建设传统蜂窝网络和点对多点宽带网络的一小部分。对于那些基础设施不完善或者安装信号塔有困难的地区来说，铺设网状网络是一个理想的选择，虽然也存在一定的挑战性。当然，如果用户之间不是离得非常近，信号的覆盖就会存在缝隙；同时，跳数（hops）太多的话也会造成传输性能下降，如图 B—14 所示。如果一个网状网络要设计成无论网络退化到什么程度都能满足用户间正常通信时，一定要考虑以上因素。

网状网络的另一个挑战是任何节点之间可以相互通信，使得用户很

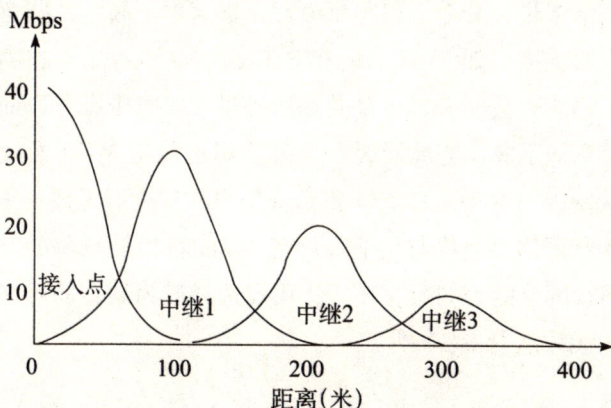

图 B—14 网状网络的信号衰减

难区分通信对方是合法节点还是恶意节点。前面所提的蓝牙技术就是一种典型的 MANET 网络，允许不同节点之间快速连接形成网络。但前面也提过，这种开放性网络的安全性较差（WiFi 也可在 MANET 网络中运行）。由于其自身的生物特性（自形成病毒连接），这些网络中一旦有病毒，传播会很快。用户这才慢慢认识到开放性 MANET 网络所带来的安全问题，并在使用移动设备前考虑到安全隐患。在不久的将来，用户使用网状网络时，4G 网络需要解决这种安全问题。

关注 Fon ▶▶▶

　　Fon 是 2005 年由阿根廷企业家马丁·法萨夫思奇（Martin Varsavsky）所创办的，推行分享个人的无线小网来构成全球性的无线大网。Fon 的基本价值主张是用户愿意分享自己的无线网络给其他的 Fon 用户（称作 Foneros）来获得那些 Foneros 的无线网络使用权。用户通过购买 Fon 接入点/路由器加入 Fon 计划，这样无论何时何地都可以享受免费无线上网。类似于点对点文件共享网络，Fon 网络也需要很多用户一起提供足够的无线覆盖来吸引更多用户的加入。虽然拥有 5 500 万美元的投资资金和 BT、Google 等公司的坚强后盾支持，截至 2008 年，全世界的 Foneros 仍然少于 100 万人。这就使得 Fon 网络相对于其他网络来说，分布显得零星分散，覆盖率不高。一些竞争对手包括无线热点服务商，如 T-Mobile 和 Boingo 等，也致力于在高业务量区域如机场、酒店、公园和其他公共场所提供无线宽带服务，而这些地方 Fon 的覆盖率却不高。与此同时，苹果公司也使用 WiFi 无线路由器使得一个局域网内的苹果用户能够和 Fon 用户一样进行无线通信。问题就是，这些网状网络是怎样与呈下降趋势 4G 的替代品竞争的？或者说像 Fon 这些网状网络能否同时存在，让用户选择最为划算的网络而不是只使用传统的无线运营商？

无线传感器网络（WSN）▶▶▶▶

2007 年，共有 100 亿台微处理器嵌入从计算机到咖啡壶的一切东西中。机器对机器（machine-to-machine，M2M）的通信比人类通信需要的工作量大得多。图 B—15 显示了未来的 M2M 通信发展趋势。

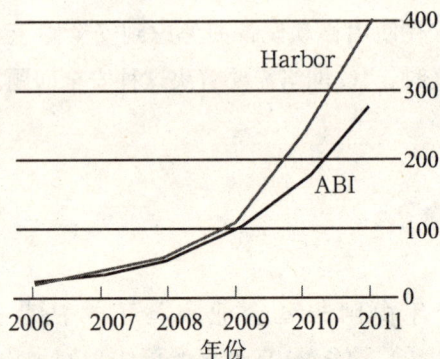

图 B—15　M2M 通信的发展趋势

资料来源：Harbor Research；ABI Research.

在未来的 10 年中，预计连接对象的数量将达到 1 000 亿之多，其中绝大部分的机器通信都是通过控制器来监控的。传感器把信息传递给其他节点，然后根据更新的信息做下一次通信。这一类型的传感器例子很多，从家庭能源和加热控制系统到安全系统和环境监测，都可以使用这一技术。甚至温布利体育场里成千上万的老鼠夹都是用无线传感器网络连接的，每个老鼠夹的状态（开或关）都由相邻的节点控制。这样的话，维修工人整修整个系统时只要检查错误的节点就可以了，从而节省了大量的时间。

WSN 网络的设计目标就是将分散节点中的有用信息尽可能可靠高效地传递给决策节点。大多数的 WSN 网络会使用网状网络，节点之间可以自形成通信。比如，假设你在森林中空投了一些传感器来监测火灾的发生，那么这些被投掷的传感器的空间位置排列是无规则的，它们需要确定各自的精确位置，以此寻求一条最佳的路由途径在网络中传输数据。某一个节点会被选取作为整个传感器网络的接入点。

WSN 网络应用于以下方面：

● 重型机械部件：确定其性能是否下降需要更换。

● 轮胎气压：减少轮胎磨损，延长车辆行驶里程。

● 火灾或过热组件的温度检测。

● 天气预报中的各项大气数据。

● CBN（chemical/biological/nuclear）扫描检测危险等级。

● 各点的交通监控交通路线。

● 第一时间跟踪协调应急事件处理。

下面是铺设 WSN 网络的一些改进方案。

● 电源：由于传感器的铺设高度分散，意味着需要一个使用寿命比较长的远程电源（或电池等）。

● 大小/美观：传感器都要安装在其他部件或器件之中，所以它的体积必须小巧到可以安装进微元件中。

● 处理：用过的传感器有可能会污染环境。

很多年来，传感器网络遵循专有标准，像 RFID，却没有达到一定的经济规模。直到 2005 年下半年，Zigbee 联盟提出了 WSN 的一个比较灵活的标准。Zigbee 致力于一些规模比较大的无线传感器网络研究，提出了一种低功率的方法。其提出的 WSN 网络可容纳 10 000 个传感器，传输速率达到 100Kbps，每个传感器可持续使用 3 年到 5 年之久。虽然有很多其他的选择可以节省费用，但是 Zigbee 的这一方案权衡了多方面的因素，如范围、电源管理以及可靠性等，无疑是一个最佳方案。

一些公司如 Ember 和 Millennial 等改进了 Zigbee 的方案，建立了一个比较完善的可用于家庭和商业的 WSN 网络，如智能大楼的监测和控制。此外，一些主要的芯片供应商制造低成本的 Zigbee 芯片来扩大生产规模。Zigbee 同时证明了这种开放性标准对 GSM 网络的发展也有很大的用处。

移动定位服务 ▶▶▶

定位服务（Location-Based Services，LBSs）是在普通的无线通信网络之上增加用户的空间位置。用户的位置信息通过两种方式获取：一是使用卫星系统的 GPS 导航；二是使用信号塔决定用户位置的时间差（TDOA）定位技术。最初，LBS 的出现是出于 CDMA 系统中控制用户的需要。随后，无线运营商也采用了紧急定位服务（E911），这样当有困难的用户拨打 911 时，同时也可以定位他们的地理位置。最近，现有的定位服务能力催生了全新的 LBS 应用浪潮，旨在在未来的几年内获得 30 亿美元的利润。例如美国的 www.TrackMyPizza.com 网站，当用户下了订单后，可以通过送货者的 GPS 手机来追踪订单的配送状态。再例如美国加利福尼亚州的 Contra Costa 市的野火预警系统，如果居民在火灾危险区域，他们可以通过手机定位服务获得警报。图 B—16 预测了 LBS 的发展趋势。

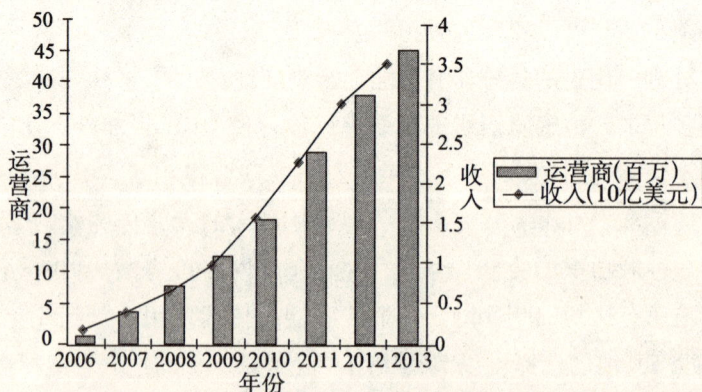

图 B—16 LBS 发展趋势预测

由于利用地理信息系统（GIS）技术（如谷歌地图）的免费开源地图的应用，移动用户位置的可用性给用户提供了更多的服务，这些服务包括实时交通更新、购物向导甚至导游信息等。一些赌场使用 LBS 的赌场芯片来追踪不同赌桌的投注模式。OnStar 远程服务也是 LBS 的一个典型应用。驾驶员的实时定位可以指引他怎样获得即时服务或维修，以及有用的增值服务。与一些认知设备配套使用，LBS 可以为移动用户提供整套完整的"看门"服务。

移动用户的精确定位 》》》

GPS 全球定位系统在地球轨道（MEO）上空 19 200 千米的高度使用了至少 24 颗卫星。GPS 依靠在用户视野范围内的卫星，通过从卫星传送过来的信号，经过三角计算得出用户的精确位置。GPS 原本设计为军事用途，用来追踪士兵和装备的位置，确定武器的攻击目标（比如巡航导弹的精确定位）。利用每颗卫星在两个不同频率 L1 和 L2 上的时间和位置信息采集，GPS 定位的精确度达到 1 米以内。随着民用应用的出现，美国国防部门同意使用卫星的 L1 频道信号作为 GPS 的商业应用，精确度相应地降低至 100 米，这叫做选择可用性（selective availability）。最后，国防部同意将作为军事用途的 L1 信号投入民用。这样当有其他地面参考资源加入时，它的精确度将达到 5～10 米以内（这叫做差分 GPS）。当然 L2 仍是一个加密信道，供美国军方使用。图 B—17 显示了 GPS 卫星怎样定位各种用户（飞机、汽车、轮船等）的地理位置。当一艘石油钻井船需要紧急停靠或者一架飞机需要紧急着陆时，GPS 定位是操作成败的关键。在不久将来的 4G 网络中，GPS 定位系统将更加广泛应用于消费者和企业的无线网络中。

另一种无线定位方法叫到达时间差定位技术（Time Difference of Arrival，TDOA），这种技术使用信号塔发出的信号来计算用户的地理位置。因为信号塔是建在地面上的，而 GPS 卫星在 10 000 千米的高空，所以 TDOA 的精确度只有在大约 15～30 米内。但是对于 E911 服务来

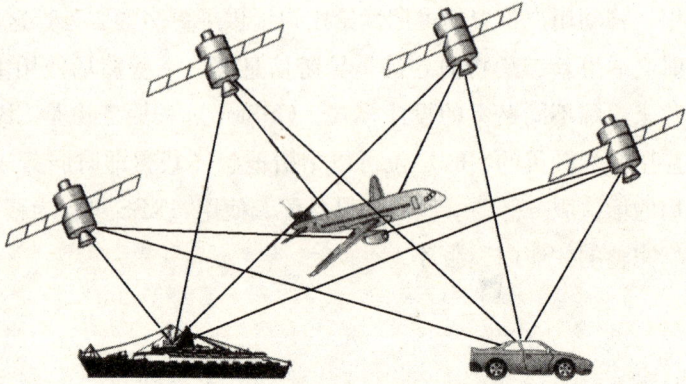

图 B—17　GPS 导航概述

说，这种精度已经足够了。图 B—18 显示了 TDOA 用于 E911 报警的一个具体实例图。

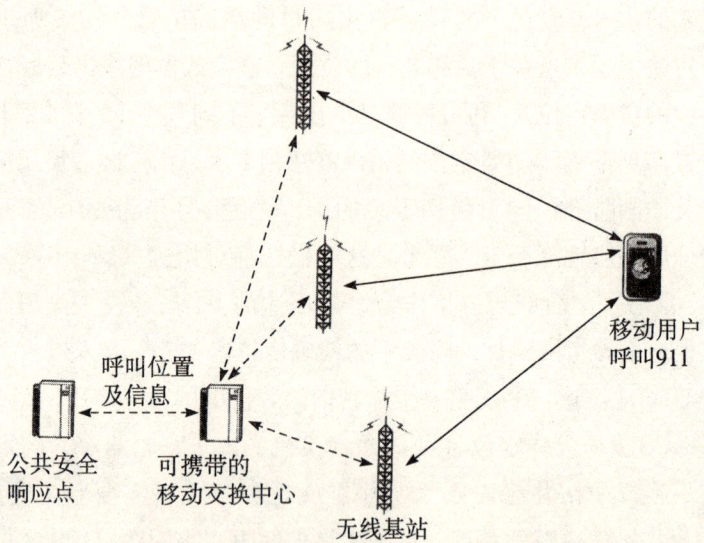

呼叫位置
及信息

移动用户
呼叫911

公共安全
响应点

可携带的
移动交换中心

无线基站

图 B—18　使用 TDOA 技术的 E911 电话

由于所有的 CDMA 和一些 GSM/3G 手机都已经安装了 GPS 芯片，所以如今大部分用户可以通过 GPS 使用更多新兴的 LBS 服务，从而得到更精确的移动定位。

Sterman, J. D. (2000) *Business Dynamics: Sytens Thinking and Modeling for a Complex World*, Irwin/McGraw-Hill.

Schoemaker, Paul J. H. (2002) *Profiting from Uncertainty: Strategies for Succeeding No Matter What the Future Brings*, The Free Press.

Christensen, Clayton M. (1997) *The Innovator's Dilemma*, Harvard Business School Press.

Van Putten, Alexander B. and Ian C. MacMillan (2008) *Unlocking Opportunities for Growth: How to Profit from Uncertainty While Limiting Your Risk*, Pearson Education, Inc.

Guide to Community Engagement Marketing, February 2008, swarmteams white paper (www. swarmteams. com).

Rheingold, Howard (2002) *Smart Mobs: The Next Social Revolution*, Basic Books.

40 Years of IT: Looking Back, Looking Ahead, IDC special edition executive white paper, 2004.

Burrill, G. Steven. "Biotech 2007: A Global Transformation," Nov. 19, 2007, UMBI presentation.

Key Global Telecom Indicators for the Telecommunication Service Sector, ITU 2007.

Wi-Fi HotSpot Forecasts, ABI Research, third quarter, 2008.

Various research reports (Instat, WiFi Alliance).

WiFi Equipment Forecast, Primedia Research，2003.

Strategis Group Forecast of 3G Mobile Subscribers，2000.

"Pass the Painkillers", *The Economist*, May 3，2001.

Decision Strategic International 3G Revenue Estimate，2006.

Informa Telecoms and Media Estimate，December 2008.

Rheingold，Howard（2002）*Smart Mobs: The Next Social Revolution*，Basic Books.

Hesseldahl，Arik. "There's Gold in Reality Mining", *Business Week*, March 24，2008.

"Living in a Connected World", *The Economist*, Special Supplement，2007.

NHIS 2003-6，Neilson Mobile Midyear Estimate for 2008.

Blue，Laura. "World of Warcraft: A Pandemic Lab?", *Time*, August 22，2007.

Rifkin，Jeremy（1995）*The End of Work*，G. P. Putnam's Sons Publishing.

Prahalad，C. K.（2006）*The Fortune at the Bottom of the Pyramid*, Wharton School Publishing.

International Telecommunications Union (ITU) Statistics，2007.

Christensen，Clayton M.（1997）*The Innovator's Dilemma*, Harvard Business School Press.

Sterman，J. D.（2000）*Business Dynamics: Systems Thinking and Modeling for a Complex World*，Irwin/McGraw-Hill.

Schoemaker，Paul J. H.（Winter 1995）" Scenario Planning: A Tool for Strategic Thinking", *MIT Sloane Management Review*.

Kurzweil，Raymond（2005）*The Singularity Is Near: When Humans Transcend Biology*，Viking Press.

Tapscott，Don（2008）*Grown-up Digital: How the Net Generration Is Changing Your World*，McGraw-Hill.

Cisco White paper，"Wireless Solution Enhances Florida School District's Administrative and Classroom Services"，2005.

Heim，Kristi，"UW Team Researches Future Filled with RFID Chips", *Seattle Times*, March 31，2008.

"Wireless Technology for Social Change: Trends in Mobile Use by NGOs", United Nations Foundation and Vodfone Group Foundation，2008.

Executive WiQ Survey, Snyder, 2007 - 8

Bennigson, L. A. (1996) "Our balkanized organizations", *Planning Review*, 24 (2), 38 - 40, Program Planning.

Day, George S. and Paul J. H. Schoemaker (2006) *Peripheral Vision: Detecting the Weak Signals That Will Make or Break Your Company*, Harvard Business Scholl Press.

Day and Schoemaker.

Commuting in America Ⅲ: The Third National Report on Commuting, Transportation Research Board of the National Academies, October 16, 2006.

Motorola white paper, "Wirelessly Connecting the Dots: Meshenabled architecture solutions for intelligent transportation systems", 2005.

National Heart Lung and Blood Institute Statistics, 2007.

Mock, Dave (2005) *The Qualcomm Equation*, AMACOM.

Saadavi, Tarek N. , Mostafa H. Ammar, and Ahmed El Hakeem (1994) *Fundamentals of Telecommunication Networks*, John Wiley & Sons, Inc. , P. 51.

Pioneer Consulting Satellite Broadband Forecast, 1999.

Iridium Corporate Information (2007) revenue and new capital raise.

ABI Research Forecast 2008.

McHenry, M. and D. McCloskey, "Multiband, Multi-location Spectrum Occupancy Measurements", Proceedings of the International Symposium on Advanced Radio Technologies, Boulder, CO, March 7 -9, 2006, pp. 167 - 175.

Tafazolli, Rahim (2005) *Technologies for the Wireless Future*, Wiley, p. 343.

Harbor Research, ABI Research, Forecast of Machine-to-Machine Communications, 2007.

Frost and Sullivan Forecast for Location Based Services, 2008.

我要感谢一些人,他们在我写作这本书的过程中提供了帮助,对我的写作产生了较大的影响。

首先,我想感谢无线通信空间里那些积极的思考者,例如 RIM 公司的 Mark Pecen,科维公司(Clearwire)的 Doug Smith 和卓讯科技公司(Telcodia)的 Shoshi Loeb,过去几年中我们进行过激烈的讨论。我很欣赏他们在无线通信方面的远见卓识,他们绝对影响了我在这本书中表达的思想。我尤其要感谢 Mark Pecen 先生,他在无线改革上提供了大量历史性的观点,批判了 3G 和 4G 技术所宣称的一些性能。

其次,我想感谢我在决策战略国际公司(Decision Strategies International)的同事,他们在我写作这本书的过程中表现出相当的支持。在他们的帮助下,我才意识到情景规划可以成为一种挑战当前假设、寻找创新机遇的方式。我特别要感谢 Paul Schoemaker,他既是我的榜样,又是我的导师,他在文章中将突破性的思想和方法论推向市场。多亏了他的鼓励,我才会充满激情地去写作一本关于未来无线通信和企业间联系的别具一格的书。

最后,我要感谢我在宾夕法尼亚大学读研究生时有幸教过的所有学生。他们充满激情的辩论、崭新的观点和有关先进通信技术将带来的可能性的新创意是我写作本书的一个重要资源。这些学生中很多人已经在大公司和新兴企业中担起了无线技术创新的重任。

目睹理论走向实践总是一件非常令人愉快的事情。

图书在版编目（CIP）数据

4G 革命：无线新时代/（美）斯奈德著；钱峰译 . —2 版 . —北京：中国人民大学出版社，2014.2

ISBN 978-7-300-18770-9

Ⅰ.①4… Ⅱ.①斯…②钱… Ⅲ.①码分多址－移动－通信－邮电企业－企业管理 Ⅳ.①F626

中国版本图书馆 CIP 数据核字（2014）第 011139 号

4G 革命

无线新时代

斯科特·斯奈德　著

钱　峰　译

4G Geming

出版发行	中国人民大学出版社			
社　　址	北京中关村大街 31 号		邮政编码	100080
电　　话	010 - 62511242（总编室）		010 - 62511770（质管部）	
	010 - 82501766（邮购部）		010 - 62514148（门市部）	
	010 - 62515195（发行公司）		010 - 62515275（盗版举报）	
网　　址	http://www.crup.com.cn			
	http://www.ttrnet.com（人大教研网）			
经　　销	新华书店			
印　　刷	北京中印联印务有限公司		版　　次	2011 年 8 月第 1 版
规　　格	165mm×240mm　16 开本			2014 年 3 月第 2 版
印　　张	9.75 插页 1		印　　次	2014 年 3 月第 1 次印刷
字　　数	132 000		定　　价	45.00 元